ライブラリ 物理学グラフィック講義＝2

グラフィック講義
力学の基礎

和田 純夫 著

サイエンス社

サイエンス社のホームページのご案内
http://www.saiensu.co.jp
ご意見・ご要望は　rikei@saiensu.co.jp　まで.

はじめに

　このライブラリは，高校で物理を履修していない読者を想定して執筆した．大学1,2年あるいは高専での教科書，参考書として利用していただくことを期待している．

　ページをめくっていただければすぐにわかるように，課題がたくさん並んでいる．といっても，決して問題集のようなものを意図したのではない．誰でももっているような基礎的知識を使って具体的な問題を考えながら，新しい知識を生み出していこうという手法である．まず自分で解こうとしてもいいし，（ちょっとだけ考えた後に）解答に進んでもいい．単に説明を読み続けるだけでは単調になりがちな思考に，めりはりを付けることが目的である．

　またグラフィック講義というタイトルを付けたが，図を重視した．単に図を示すというだけではなく，図中にできるだけ説明文を入れて，図を通しても理解していただきたいと考えた．黒板に書かれた図と文字というイメージで見ていただければと思う．

　この巻（力学）に限って言えば，いわゆる「素朴概念」を克服することを重視している．物体が動いている方向と力の方向は一般には同じではない．力は運動自体ではなく運動の変化をもたらすものだということを知るのが力学の出発点である．運動の3法則の相互関係についても注意して説明した．また，最終的には剛体や角運動量についても簡単に触れ，大学力学のコースとして完結したものにした．

　私はすでに「物理講義のききどころ（全6巻）」（岩波書店）というシリーズを出版している．こちらも大学1,2年向きの教科書・参考書だが，高校での物理履修者向けに，ある程度高度な概念も積極的に取り上げて執筆した本である．これに対して今回のライブラリは，同じ大学向けでも全く違う方針で執筆してみた．「高校物理のききどころ（全3巻）」（共著・岩波書店）（高校物理としては多少高度な本）での経験も役に立った．今回のライブラリもそれなりの役割を果たせればと願っている．

2011年6月

和田純夫

目　　次

第 1 章　位置と速度　　1
- 1.1　物理量と単位 …………………………………………… 2
- 1.2　基本単位と組立単位 …………………………………… 4
- 1.3　数字の扱い方 …………………………………………… 6
- 1.4　貯める 1 ………………………………………………… 8
- 1.5　貯める 2 ………………………………………………… 10
- 1.6　速度から位置へ ― 積分 ……………………………… 12
- 1.7　位置から速度へ ― 微分 ……………………………… 14
- 1.8　速度の正負・変位の正負 ……………………………… 16
- 章末問題 ……………………………………………………… 18

第 2 章　加　速　度　　21
- 2.1　慣性の法則（運動の第 1 法則） ……………………… 22
- 2.2　加速度 …………………………………………………… 24
- 2.3　等加速度運動 …………………………………………… 26
- 2.4　等加速度運動の例 ……………………………………… 28
- 2.5　放物運動 ………………………………………………… 30
- 章末問題 ……………………………………………………… 32

第 3 章　運動方程式と力　　35
- 3.1　運動方程式（運動の第 2 法則） ……………………… 36
- 3.2　力と運動の関係 ………………………………………… 38
- 3.3　重力の性質 ……………………………………………… 40
- 3.4　方向とベクトル ………………………………………… 42
- 3.5　垂直抗力・張力 ………………………………………… 46
- 3.6　作用・反作用の法則（運動の第 3 法則） …………… 48

目　次　　　　　　　　iii

 3.7 摩擦力 50
 3.8 気圧 52
 3.9 抵抗力と過渡現象 54
 章末問題 56

第4章　等速円運動　　59

 4.1 等速円運動の加速度と力 — 方向 60
 4.2 等速円運動の加速度と力 — 大きさ 62
 4.3 等速円運動の例 64
 4.4 ケプラーの第3法則と逆2乗則 66
 4.5 地球の重力・惑星の重力 68
 4.6 遠心力 70
 4.7 円運動の三角関数による表現 72
 章末問題 74

第5章　エネルギーと運動量　　77

 5.1 力を積み重ねる1 — 運動量 78
 5.2 力を積み重ねる2 — 運動エネルギー 80
 5.3 力を積み重ねる3 — 全力学的エネルギー 82
 5.4 エネルギー保存則 84
 5.5 運動量保存則 86
 5.6 仕事の原理 88
 5.7 保存力と非保存力 90
 5.8 応用 92
 5.9 衝突 94
 5.10 万有引力の位置エネルギー 96
 章末問題 98

iv　　　　　　　　　目　次

第6章　単振動　　　　101

6.1　振動とは ……………………………………… 102
6.2　運動方程式を解く …………………………… 104
6.3　位相・振幅・周期・エネルギー …………… 106
6.4　応用 …………………………………………… 108
6.5　振り子 ………………………………………… 110
6.6　減衰振動・過減衰 …………………………… 112
6.7　強制振動 ……………………………………… 114
6.8　地球を貫通する運動 ………………………… 116
章末問題 ……………………………………………… 118

第7章　回転運動と剛体　　　　121

7.1　てこの原理とトルク ………………………… 122
7.2　回転運動の方程式 …………………………… 124
7.3　剛体の慣性モーメント ……………………… 126
7.4　棒の振り子 …………………………………… 128
7.5　回転軸をずらす ……………………………… 130
7.6　滑車の運動 …………………………………… 132
7.7　自動車を動かす力 …………………………… 134
7.8　斜面を転がる円板 …………………………… 136
7.9　面積速度 ……………………………………… 138
7.10　角運動量とその保存則 ……………………… 140
7.11　角運動量ベクトル …………………………… 142
章末問題 ……………………………………………… 144

付録A　微分と積分　　　　147

付録B　三角関数　　　　149

付録C　角運動量の運動方程式（$\frac{dL}{dt} = N$）　　　　152

目　次　　　　　　　　　　v

応用問題解答　　　　　　　155

索　　引　　　　　　　　　164

頻出記号表

記号	意味	初出箇所
x_0	初期位置	1.4 項
v_0	初速度	1.6 項
Δ (デルタ)	微小な変化量　（Δt：微小な時間）	
Δx	変位	1.8 項
g	重力加速度	2.2, 2.4 項
a	加速度　（長さを表すのに使う場合もある）	2.3 項
m	質量	3.1 項
F	力	3.1 項
$\boldsymbol{r}$	位置ベクトル　（一般に太字はベクトルを表す）	3.4 項
μ (ミュー)	静止摩擦係数	3.7 項
μ'	動摩擦係数	3.7 項
κ (カッパ)	抵抗力を表す係数	3.9 項
ω (オメガ)	（円運動では）角速度	4.2 項
T	（力の場合）張力	4.3 項
G	重力定数（ニュートン定数）	4.4 項
p	運動量	5.1 項
E	全力学的エネルギー	5.3 項
k	バネ定数	6.1 項
θ_0 (シータ)	初期位相	6.3 項
A	（単振動では）振幅	6.3 項
T	（単振動では）周期	6.3 項
ν (ニュー)	振動数	6.3 項
ω	（単振動では）角振動数	6.3 項
U	位置エネルギー	6.3 項
ω_0	固有角振動数	6.7 項
N	トルク（力のモーメント）	7.1 項
	（N は垂直抗力に使うこともある）	
I	慣性モーメント	7.2 項
$\dot{\theta}$	$\frac{d\theta}{dt}$（角速度）	7.2 項
L	角運動量	7.10 項

第1章

位置と速度

　物体は動いていると位置が変化する．位置の変化は各時刻での速度から計算できる．それはグラフの面積として，数学的に言えば積分として表現される．また逆に，速度は位置の変化から計算できる．それはグラフの傾きとして，数学的には微分として表現される．正しい計算のためには，速度の符号，位置の変化の方向を考慮しなければならない．

物理量と単位
基本単位と組立単位
数字の扱い方
貯める1
貯める2
速度から位置へ―積分
位置から速度へ―微分
速度の正負・変位の正負

1.1 物理量と単位

物理で登場する量（物理量）は単なる数ではない．一般に単位が付いた量であり，単位まで考えないと大小関係がわからない．また単位を考えることで，量の物理的意味も見えてくる．

> **課題 1** プールに 1 時間当たり $120\,\mathrm{m}^3$（立方メートル）の水を入れ続けることは，1 分間当たりどれだけの水を入れ続けることになるか．
> **解答** 1 時間は 60 分だから，120 を 60 等分して
> $$120 \div 60 = 2$$
> したがって 1 分間当たり $2\,\mathrm{m}^3$．

つまり 120 と 2 は数字としては違うが，1 時間当たり $120\,\mathrm{m}^3$ と，1 分間当たり $2\,\mathrm{m}^3$ は，同じことを意味する．

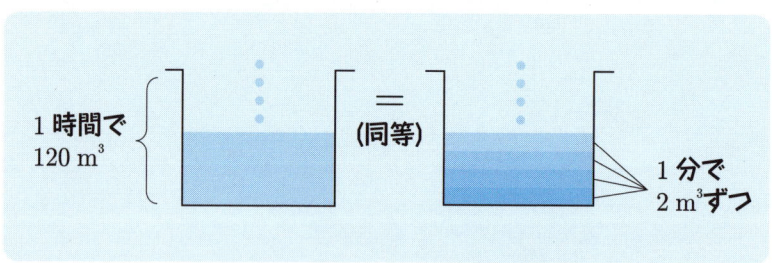

このことをさらに理解するために，次の等式から出発しよう．

$$1\,\text{時間} = 60\,\text{分}$$

1 と 60 は違うが，単位が違うので間違いではない．$120\,\mathrm{m}^3$ という同じ量を，上の式のそれぞれで割れば

$$120\,\mathrm{m}^3 \div 1\,\text{時間} = 120\,\mathrm{m}^3 \div 60\,\text{分} \tag{1}$$

各辺の単位は次のように表現される．

$$\text{左辺} = (120 \div 1) \times (\mathrm{m}^3 \div \text{時間}) = 120 \times (\mathrm{m}^3/\text{時}) = 120\,\mathrm{m}^3/\text{時}$$

1.1 物理量と単位

「/」は分数であることを示す．単位の掛け算や割り算をするのが気持ち悪い人は，m^3 は $1\,m^3$ とみなすなど，単位には 1 が付いていると考えればよい．「時」は時間の略であり，「m^3/時」は立方メートル毎時と読む．

一方，式 (1) の右辺は

$$\text{右辺} = (120 \div 60) \times (m^3 \div \text{分}) = 2\,m^3/\text{分}$$

「m^3/分」は，立方メートル毎分と読む．120 と 2 は違うが，$120\,m^3$/時と $2\,m^3$/分は等しい．

課題 2 プールに $120\,m^3$/時の割合で水が入っているとき，20 分ではどれだけの水が増えるか．

解答 $120\,m^3$/時は $2\,m^3$/分のことだったから，20 分では

$$2\,m^3/\text{分} \times 20\,\text{分} = 40 \times ((m^3/\text{分}) \times \text{分}) = 40\,m^3$$

分という単位が分母と分子で打ち消し合って，答えの単位は m^3 だけになる．あるいは $120\,m^3$/時をそのまま使って

$$120\,m^3/\text{時} \times 20\,\text{分} = (120 \times 20) \times ((m^3/\text{時}) \times \text{分})$$
$$= (120 \times 20) \times m^3 \times (\text{分}/\text{時}) = (120 \times 20 \times 1/60) \times m^3$$

としてもよい．ただし，分/時 = 1 分/1 時間 = 1/60 を使った．

上の答えの $40\,m^3$ という量は，20 分間に実際に変化した量なので，**変化量**と呼ぶ．一方，$2\,m^3$/分 は，そのときの変化の速さであり，**変化率**と呼ぶ．この課題では水の流入の話をしているので，それぞれ流入量，流入率と呼ぶこともできる．

同じような関係にあるのが位置の変化と速度である．ある時間内の物体の位置座標の変化量（移動距離）を**変位**と呼び，変位の速さ，つまり位置の変化率を**速度**と呼ぶ．たとえば 2 分で $60\,m$ 進んだときの物体の速度は

$$60\,m \div 2\,\text{分} = 30\,m/\text{分} = 30\,m/60\,\text{秒} = 0.5\,m/\text{秒}$$

つまり分速で 30 メートル毎分，秒速で表すと 0.5 メートル毎秒となる．

1.2 基本単位と組立単位

前項の問題で流入率の単位は,「体積の単位÷時間の単位」という組合せで表された.また体積の単位である立方メートル m³ (m の 3 乗) も,縦,横,高さがそれぞれ 1m の立方体の体積として決められた単位である.

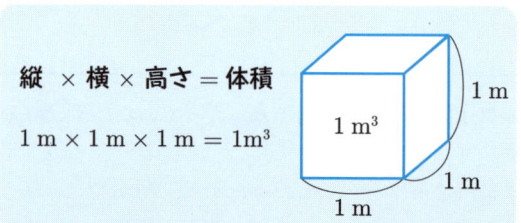

このように,幾つかの単位を組み合わせてできた単位を**組立単位**といい,m (メートル) や,時あるいは分など単独の単位を**基本単位**という.

基本単位:長さ,時間,質量 どの量の単位が基本単位になるのか,どれが組立単位になるのか.あるいは基本単位は幾つ必要なのか.それらは絶対的に決まるものではなく,さまざまな決め方がある.しかし現在の物理学では世界的に統一された方法があり,それを **SI 単位系** (国際単位系,International Standard の仏語の略) という.ここではその中でも力学に関係した部分だけを説明しよう (電磁気に関係した単位は第 3 巻参照).

力学に限定すれば,国際単位系では基本単位として,長さ,時間,および質量の 3 つの単位を選ぶ.そして具体的には,長さの単位にメートル (m, meter の略),時間の単位に秒 (s, second の略),そして質量の単位にキログラム (kg, kilogram の略) を使う.

たとえば 1m は,以前は北極から赤道までの長さの千万分の一と定義されていたが,現在では,「光が真空中を 1 秒間に進む距離の 299,792,458 分の 1」といった (一見奇妙な) 定義がなされており,また時間の単位「秒」は,セシウムという原子の振る舞いから定義されている.これらの定義は,技術および物理学の進歩により少しず

力学の基本単位

長さ … m
時間 … s
質量 … kg

1.2 基本単位と組立単位

つ変更されており，ここでは，何らかの最先端の技術を使って決められていると理解しておけばいいだろう．

大きな数・小さな数　質量の単位キログラム（kg）は，グラム（g）という単位にキロという言葉（接頭辞）を付けたものである．キロというのは一般に千倍という意味で，たとえばキロメートル（km）といえば，メートルの千倍である．ただSI単位系では便宜上の理由により，1 kgという量がまず定義され，その千分の一として1 gという量が定義される．

注　パリの通称アルシーブという場所に1つの白金の塊（大きな分銅のようなもの）があり，その質量を1 kgと定義する．質量という概念については3.1項参照．○

一方，たとえばミリメートル（mm）のミリとは千分の一という意味だから，1 m = 1000 mmである．センチメートル（cm）のセンチは百分の一という意味である．このように，大きな数や小さな数を表すときには，接頭辞を付けた単位を使うと便利である．

デカ(da)	10倍	$\times 10$		デシ(d)	10分の1	$\times 10^{-1}$
ヘクト(h)	100倍	$\times 10^2$		センチ(c)	100分の1	$\times 10^{-2}$
キロ(k)	1000倍	$\times 10^3$		ミリ(m)	1000分の1	$\times 10^{-3}$
メガ(M)	100万倍	$\times 10^6$		マイクロ(μ)	100万分の1	$\times 10^{-6}$
ギガ(G)	10億倍	$\times 10^9$		ナノ(n)	10億分の1	$\times 10^{-9}$
テラ(T)	1兆倍	$\times 10^{12}$		ピコ(p)	1兆分の1	$\times 10^{-12}$

（たとえば $10^3 = 10 \times 10 \times 10$, $10^{-3} = 1/10 \times 1/10 \times 1/10$）

たとえば，1ナノメートル（1 nm）は10億分の1メートル，すなわち100万分の1ミリメートルになる．また時間については，分（= 60秒）や時（= 60分）という単位も慣習で使われ，英字表記ではminあるいはhと記すが，この本では漢字表記にする．秒についてはこれからは「s」で表す．

1.3 数字の扱い方

物理で単位の扱いは重要だが，数字の扱いもそれに劣らず重要である．

> **課題 1** 長さ 44.6 mm と，長さ 34 mm の 2 本の棒をつなげた．全体の長さはどうなるか．一方は 0.1 mm までの詳しさで，もう一方は 1 mm までの詳しさで測定しているが，これは長さを測るのに使った道具が違ったためである．
>
> **考え方** 44.6 mm + 34 mm = 78.6 mm ではダメということを言いたい問題．2 本目の棒の 34 mm が正しいにしても 0.1 mm レベルの測定をしていないのだから，33.5 mm から 34.5 mm の間だと考えるべきである．したがって合計は 78.1 mm から 79.1 mm の間にある．
>
> **解答** 単純に足した答えの 78.6 mm を四捨五入して 79 mm とする（ただし 78.6 mm ± 0.5 mm という答え方もありうる．78.6 mm − 0.5 mm から 78.6 mm + 0.5 mm の間に入る可能性が大きいという意味である）．
>
> ```
>     44.6
>  +) 34.?
>     79.?
> ```

足し算や引き算の場合，答えの桁は，一番精度の悪い値の桁によって決まる．次に掛け算・割り算の場合を考えよう．

> **課題 2** A 君が運動場の P 点から Q 点まで走った．腕時計で時間を測ったところ 23 秒だった．また，P から Q までの距離を巻尺で測ったところ 162.85 m だった．A 君は，どれだけの平均速度で走ったことになるか．
>
> **考え方** 162.85 m ÷ 23 s = 7.08043478 ··· m/s ではまずい．右の計算からわかるように答えの 3 桁目は怪しい．
>
> **解答** 7.080··· を 3 桁目で四捨五入して 7.1 m/s．
>
> ```
>              7.0?
>     23.?? ) 162.85??
>              161.??
>                1 ??
>                1 ??
> ```

掛け算・割り算する数字のうちで，最も桁数の小さな値に答えの桁数を合わせ

1.3 数字の扱い方

ると考えればよい．この課題では 23 s に合わせて答えも 2 桁とする．このことを，「**有効数字は 2 桁である**」といういい方をする．

次は，非常に大きい数，あるいは小さい数の扱い方を考える．たとえば 30 万は 300,000 とするよりも 3×10^5 として，数値 3 と位を表す 10^5 の部分を分けて考えたほうが間違いが起こりにくい．小さい数も同様．

$$300000. = 3 \times 10^5$$
5 回左に動かす　小数点

$$0.000003 = 3 \times 10^{-6}$$
6 回右に動かす

たとえば $10^2 \times 10^3 = 10^{2+3} = 10^5$ といった式が使える．

課題 3　光は 1 年間（365 日）でどれだけ進むか．ただし光速度を秒速 30 万 km（300,000 km/s）とする．有効数字 2 桁で答えよ．

考え方　1 年を秒で表すと

$$1 \text{年} = 365 \times 24 \times 60 \times 60 \text{ 秒} = 31{,}536{,}000 \text{ 秒}$$

したがって

$$300{,}000 \text{ km/s} \times 31{,}536{,}000 \text{ s} = 9{,}460{,}800{,}000{,}000 \text{ km}$$
$$\fallingdotseq 9{,}500{,}000{,}000{,}000 \text{ km}$$

これで正解だが，桁数を書き間違いそうである．

解答
$$\begin{aligned}
1 \text{年} &= (3.65 \times 10^2) \times (2.4 \times 10) \times (6 \times 10) \times (6 \times 10) \text{ s} \\
&= (3.65 \times 2.4 \times 6 \times 6) \times 10^{2+1+1+1} \text{ s} \\
&\fallingdotseq 315 \times 10^5 \text{ s} = 3.15 \times 10^7 \text{ s}
\end{aligned}$$

（最終的に 2 桁で答えるときは途中の結果は 3 桁まで求める．）したがって

$$(3 \times 10^5 \text{ km/s}) \times (3.15 \times 10^7 \text{ s}) \fallingdotseq 9.5 \times 10^{5+7} \text{ km}$$
$$= 9.5 \times 10^{12} \text{ km}$$

1.4 貯める1

次の2つの例を比較してみよう．

> **課題1** 1分当たり $2\,\mathrm{m}^3$ の割合でプールに水を入れたとすると，1時間ではどれだけの水が貯まるか．
> **解答** 1分当たり $2\,\mathrm{m}^3$ というのは「$2\,\mathrm{m}^3/\text{分}$」だから，
> $$2\,\mathrm{m}^3/\text{分} \times 60\,\text{分} = (2 \times 60) \times (\mathrm{m}^3/\text{分}) \times \text{分} = 120\,\mathrm{m}^3$$

> **課題2** 1秒（$=1\,\mathrm{s}$）当たり $2\,\mathrm{m}$ の速度でまっすぐ進む物体は，1分（$=60\,\mathrm{s}$）ではどれだけ進むことになるか．
> **考え方** 1秒ごとに $2\,\mathrm{m}$ を「貯めて」いくと考えればよい．
> **解答** 速度は $2\,\mathrm{m/s}$ だから，移動距離（変位）は
> $$2\,\mathrm{m/s} \times 60\,\mathrm{s} = 120\,\mathrm{m}$$

どちらの課題も答えは結局，1分あるいは1秒ごとの量の足し合わせである．

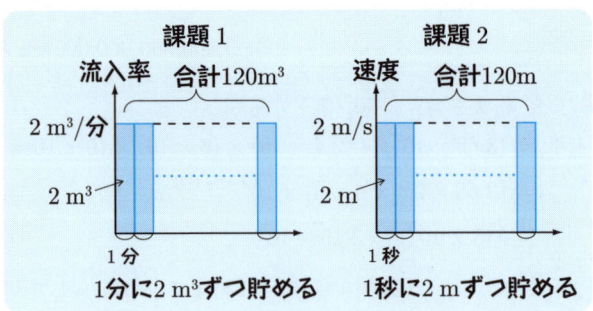

1分（1秒）ごとの量が，縦長の細い長方形の面積で表され，その合計が，図の大きな長方形の面積になる．上の解答の式は，「縦 × 横」という計算である．

課題 3 左右に延びる一直線上を，物体が一定の速度 v_0 で右に動いているとする．この直線上の基準点を O とし，時刻 0（ゼロ）ではこの物体は，O から測って x_0 の位置（**初期位置**）にあったとする．時刻 t での物体の位置（O から測っての位置座標）$x(t)$ を求めよ（速度は velocity の頭文字を取って v と表す．ここでは速度が一定なので，添え字 0 を付けて v_0 と表し，暗に変数ではなく定数であることを示した）．

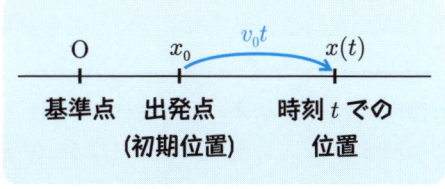

解答 移動距離（変位）は，右下のようなグラフを考えれば，長方形の面積に等しいので

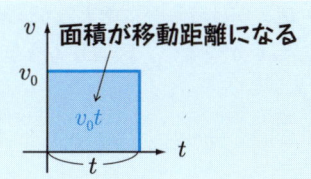

$$\text{移動距離} = v_0 t$$

時刻 t での位置 $x(t)$ は，最初の位置 x_0 に，その後の移動距離を加えたものだから

$$x(t) = x_0 + v_0 t \tag{1}$$

となる．$x(t)$ は t の 1 次式である．数学では 1 次式は $v_0 t + x_0$ と書くことが多いが，ここでは x_0 に $v_0 t$ が加わったという意味で，このように書くことにする．

下に $x(t)$ のグラフを描く．このような図を **xt 図**という．それに対して縦軸が速度 v である場合（たとえば課題 3 の下図）は **vt 図**という．

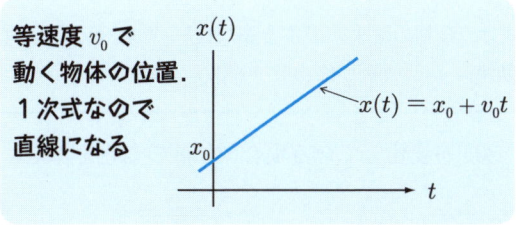

1.5 貯める 2

今度は，流入率あるいは速度が，時間とともに変化する場合を考える．特に，それらが一定の増加率で増えていく場合が重要である．

課題 1 プールへの水の流入率が，最初は $2\,\mathrm{m^3/分}$，それから少しずつ，一定の増加率で増えていき，30分後には $5\,\mathrm{m^3/分}$ になった．前項と同様のグラフを描け．また，30分で貯まる水量を求めよ．

考え方 流入率は滑らかに増えるが，時間を細かく区切って，段階的に増えると考えるとわかりやすい．区切り方を無限に細かくした極限として，答えが得られる．

解答

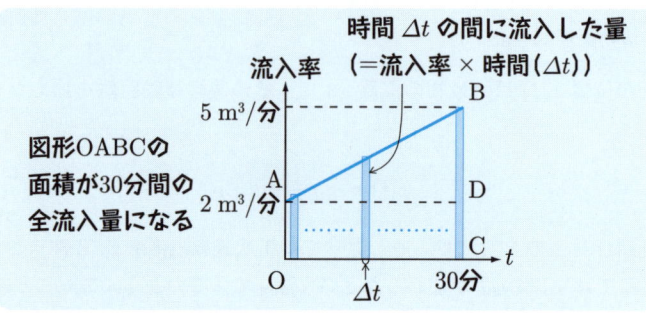

全体の面積を，長方形 OADC と三角形 ABD に分けて計算すると

$$\underset{(長方形部分)}{2\,\mathrm{m^3/分} \times 30\,分} + \underset{(三角形部分)}{3\,\mathrm{m^3/分} \times 30\,分 \div 2}$$
$$= 60\,\mathrm{m^3} + 45\,\mathrm{m^3} = 105\,\mathrm{m^3}$$

となる．この式は，最初の流入率のまま30分続いた場合の水量（$60\,\mathrm{m^3}$）と，流入率が増えた効果による水量（$45\,\mathrm{m^3}$）の和，と解釈できる．

同じように，速度が変化している場合の位置の変化を考えよう．

1.5 貯める 2

課題 2 左右に延びる一直線上を物体が右に動いているとする．この直線上の基準点を O とする．まず時刻 0 ではこの物体は，O から右に 10 m の位置（**初期位置**）にあり，速度 2 m/s（**初速度**）で右に動いていた．この物体の速度は一定の増加率で徐々に増え，10 秒後には 5 m/s になったとする．10 秒後のこの物体の位置を求めよ．

考え方 水の流入と同様に考えて，ここでも速度のグラフの面積を計算する．

解答 まずグラフ（vt 図）を描いて移動距離（変位）を計算する．

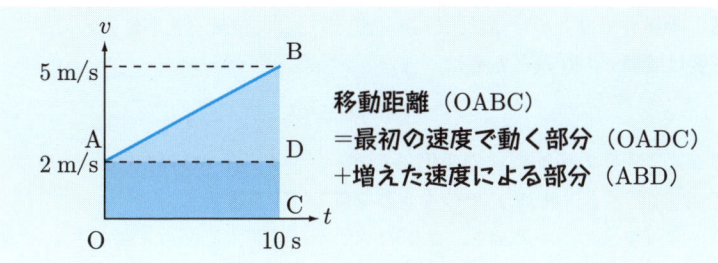

上の三角形と，その下の長方形の面積はそれぞれ（単位は省略）

$$長方形の面積： 2 \times 10 = 20$$
$$三角形の面積： \tfrac{1}{2} \times 3 \times 10 = 15$$

プールの場合と同様に，長方形部分は最初の速度による効果，三角形部分は速度が増えたことによる効果である．変位はこの合計で 35 m だが，この物体は最初からすでに基準点 O から 10 m 離れた位置にあったのだから，10 秒後には O から見て

$$\underset{(最初の位置)}{10\,\text{m}} + \underset{(最初の速度の分)}{20\,\text{m}} + \underset{(速度の増加の分)}{15\,\text{m}} = 45\,\text{m}$$

の位置に移動したことになる．

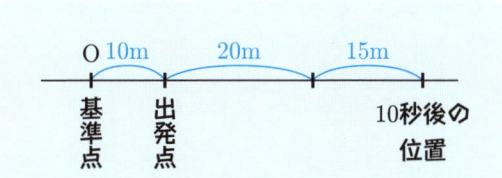

注 基準点 O と，上のグラフの原点 O は同じ記号を使っているが無関係である． ○

1.6 速度から位置へ ── 積分

1.4項では等速運動の場合の一般公式（式(1)）を導いたが，ここではそれを，速度が一定の割合で増す場合に拡張する．時刻 t での物体の位置（基準点 O から測っての位置座標）を $x(t)$，速度を $v(t)$ というように，どちらも t の関数として表す．

課題 時刻 0 ではこの物体は，O から測って x_0 の位置（初期位置）にあり，また速度は時間 t の経過とともに

$$v(t) = v_0 + at \tag{1}$$

のように，一定の増加率 a で変化しているとする（v_0 は時刻 0 での速度 … 初速度）．このとき，時刻 T での物体の位置 $x(T)$ を求めよ．

注意 位置を求めたい時刻を，途中の時刻 t と区別するため，大文字 T で表す．

解答 前項の課題と同じグラフ（vt 図）を描く．

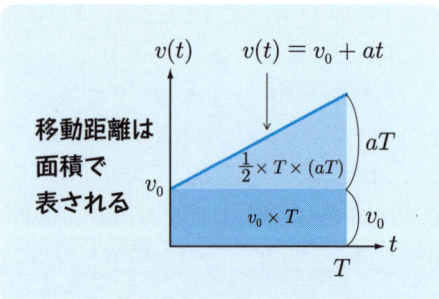

時刻 T までの移動距離は，やはり長方形と三角形の面積の和であり

$$\text{長方形の面積：} \quad T \times v_0 = v_0 T$$
$$\text{三角形の面積：} \quad \tfrac{1}{2} \times T \times aT = \tfrac{1}{2}aT^2$$

したがって，

$$\begin{aligned}\text{位置：}\ x(T) &= \text{初期位置} + \text{移動距離（変位）} \\ &= x_0 + v_0 T + \tfrac{1}{2}aT^2\end{aligned} \tag{2}$$

1.6 速度から位置へ — 積分

積分 ∫

一般に関数 $f(t)$ のグラフを描いたとき，この関数と横軸 t ではさまれる部分の，$t = t_1$ と $t = t_2$ の間で面積を，

$$\int_{t_1}^{t_2} f(t)dt$$

と書き，これを $f(t)$ の t_1 から t_2 までの**定積分**と呼ぶ（付録 A 参照）（∫ は，総和という意味の sum の頭文字 s を縦に伸ばした記号）．

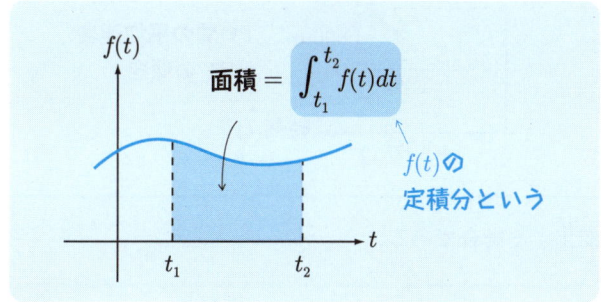

左ページ図の面積は関数 $v(t)$ の 0 から T までの積分だから

$$移動距離 = \int_0^T v(t)dt$$

となるはずである．実際，付録 A の式を参照しながら計算すると

$$\int_0^T v(t)dt = \int_0^T (v_0 + at)dt$$
$$= \int_0^T v_0 dt + \int_0^T at\, dt \qquad \text{(A3) を使う}$$
$$= v_0 \int_0^T 1\, dt + a \int_0^T t\, dt \qquad \text{(A4) を使う}$$
$$= v_0 T + \frac{1}{2}aT^2 \qquad \text{(A5,A6) を使う}$$

となる．$v(t)$ は，初速度 v_0 と，加速部分 at の和だが，それぞれが左ページの式 (2) の第 2 項と第 3 項になっていることがわかる．

1.7 位置から速度へ ― 微分

課題 1 A君は，ある一直線の道路を歩いている．1 時ちょうどには P 地点におり，その 10 分後には 800 m 先の Q 地点にいた．その間の A 君の**平均速度**を時速で求めよ．

解答 速度 = 移動距離 ÷ 経過時間 だから，単位の換算まで含めれば
$$800\,\mathrm{m} \div 10\,\text{分} \times (60\,\text{分}/1\,\text{時間}) = 4{,}800\,\mathrm{m}/\text{時} = 4.8\,\mathrm{km}/\text{時}$$

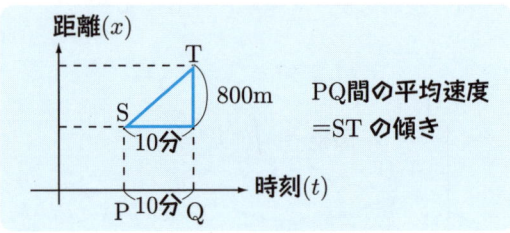

次は速度が変化する場合である．

課題 2 ある物体が一直線上を動いている．位置を座標 x で表したとき，その物体の時刻 t での位置 $x(t)$ が，x_0, v_0, a をそれぞれある定数として
$$x(t) = x_0 + v_0 t + \tfrac{1}{2}at^2 \tag{1}$$
と表されるとする．時刻 t から $t + \Delta t$ までのこの物体の平均速度を求めよ（Δt は一般に微小な経過時間を表すが，この問題では Δt が小さい量であることを意識する必要はない）．

解答 この時間での移動距離は
$$\begin{aligned}
&x(t+\Delta t) - x(t) \\
&= \{x_0 + v_0(t+\Delta t) + \tfrac{1}{2}a(t+\Delta t)^2\} - \{x_0 + v_0 t + \tfrac{1}{2}at^2\} \\
&= v_0 \Delta t + a\Delta t(t + \tfrac{\Delta t}{2})
\end{aligned}$$

経過時間は Δt であるから，

1.7 位置から速度へ — 微分

$$\text{平均速度} = \frac{x(t+\Delta t)-x(t)}{\Delta t} = v_0 + a(t+\frac{\Delta t}{2})$$

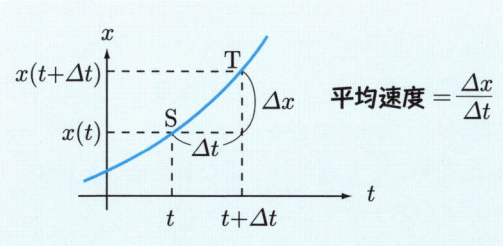

課題 3 課題 2 と同じ状況で，時刻 t におけるこの物体の**瞬間速度** $v(t)$ を求めよ．これは上のグラフの何に対応するか．また前項の課題と比較せよ．

考え方 上の答えで Δt を 0 に近づけた極限が時刻 t での瞬間速度である．

解答 課題 2 の答えで $\Delta t = 0$ とすれば，

$$\text{瞬間速度：} \quad v(t) = v_0 + at \tag{2}$$

これはグラフで，$t + \Delta t$ を t に近づけた極限での ST の傾きだから，t での接線の傾きに他ならない．この結果は前項の式 (1) に一致している．

瞬間速度と微分記号 関数 $f(t)$ の，t から $t+\Delta t$ までの変化を Δf と記す．
$$\Delta f = f(t+\Delta t) - f(t)$$
である．これを使うと，関数 $f(t)$ の t での接線の傾きは，比率 $\frac{\Delta f}{\Delta t}$ の，Δt を 0 にした極限 (limit) である．これを f の**微分**と呼び

$$f \text{ の微分：} \quad \frac{df}{dt} = \lim \frac{\Delta f}{\Delta t}$$

と記す．この用語を使うと，物体の各時刻での瞬間速度 $v(t)$ は，位置 $x(t)$ の微分であることがわかる．

$$\text{速度：} \quad v(t) = \frac{dx}{dt}$$

課題 3 は，式 (1) の位置 $x(t)$ を「微分」して，速度（式 (2)）を求めたことになっている．逆に前項では，速度 $v(t)$ を「積分」すれば位置 $x(t)$ になることを示した（前項の式 (1) と式 (2)）．つまり $x(t)$ の傾きを求める微分と，$v(t)$ の面積を求める積分が，互いに逆の関係になっていることを意味する．

1.8 速度の正負・変位の正負

物体の動きが直線上に限定されている場合でも，右方向に動いている場合と左方向に動いている場合がある．そのときの**速度**を正負で区別すると，話がスムーズに進む．通常は右方向の場合をプラスとする．物理で速度という量は，この符号まで含めた量として定義され，単なる数値（絶対値）を**速さ**と呼んで区別することになっている．

またこれからは，**移動距離**と**変位**という言葉も次のように区別する．

課題1 物体が $2\,\mathrm{m/s}$ の速さで5秒間，右に動き，その後，$5\,\mathrm{m/s}$ の速さで3秒間，左に動いた．全体としてどれだけ動いたか（速度で表せば，最初は $+2\,\mathrm{m/s}$，後半は $-5\,\mathrm{m/s}$ ということになる）．

考え方 8秒間全体でどれだけの距離を動いたかを尋ねているのか，それとも8秒間の動きの結果としてどれだけ位置が変化したのかを尋ねているのか，質問の趣旨の取り方によって答えが違ってしまう．そこで，「移動距離」と「変位」という言葉を使い分ける．移動距離とは「動いた距離」，変位とは「最初と最後での位置の変化」だとする．また，変位という場合には，右に移った場合にはプラス，左に移った場合にはマイナスと，正負を区別することにする．移動距離は常に絶対値だけが問題になるので，符号は必要ない．

解答 最初の5秒間は，$2\times 5=10$ だから $10\,\mathrm{m}$ だけ右に動き，その後の3秒間は $5\times 3=15$ だから，$15\,\mathrm{m}$ だけ左に動いている．

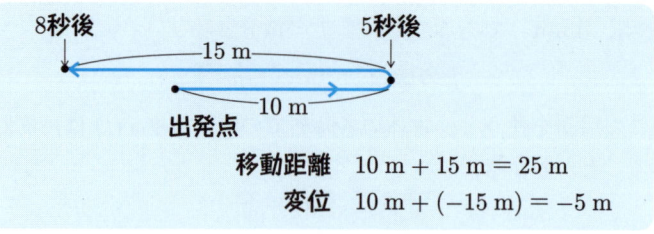

移動距離 $10\,\mathrm{m}+15\,\mathrm{m}=25\,\mathrm{m}$
変位 $10\,\mathrm{m}+(-15\,\mathrm{m})=-5\,\mathrm{m}$

1.8 速度の正負・変位の正負

課題2 課題1の動きを正負を考えて vt 図に描け．ただし動き始めの時刻を $t=0$ とする．グラフの面積と変位との関係を説明せよ．ただし $v<0$ の部分の面積はマイナスだと考えよ．

考え方 v と書けば，とくに断りがない限り速さではなく速度のことである．「速度のグラフの面積が変位」という関係を，符号も含めて確かめよという問題である．

解答

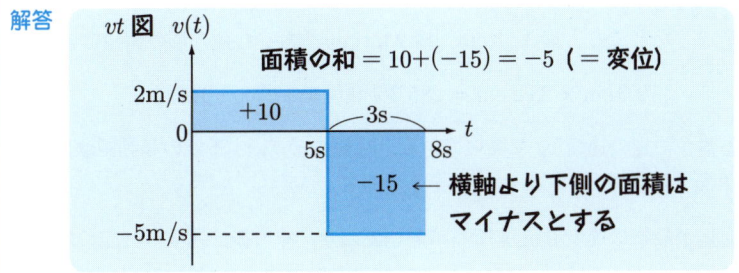

面積がマイナスというのは数学では正しい表現ではない．しかし面積ではなくグラフの積分だと考えれば，厳密な表現になる．面積は定積分で表されると1.6項で説明したが，実は関数 $f(t)$ がマイナスの部分に関しては面積をマイナスとして加えるのが定積分の正しい定義である（そう定義する理由は付録A参照）．つまり，「速度 $v(t)$ の定積分が変位」と表現すれば，符号まで含めて正しい表現になる．上の課題では，このことを8秒後について確かめただけだが，これは任意の時刻についても成り立つ（章末問題も参照）．

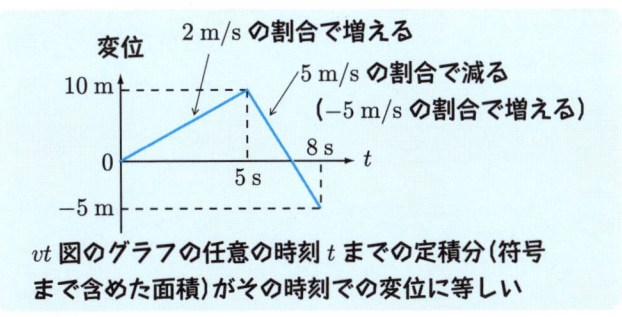

第1章 位置と速度

● 復習問題

以下の [ ] の中を埋めよ（解答は 20 ページ）．

□1.1 1 時間当たり 6 km 進んでいるときの速さは

$$6\,\text{km} \div 1\,\text{時間} = 6\,\text{km}/[\text{①}] = 6 \times (1000\,\text{m})/[\text{②}]\text{分} = 100[\text{③}]$$

□1.2 $1\,\text{m}^3 = (1\,\text{m})^{[\text{④}]} = ([\text{⑤}]\,\text{cm})^3 = (10^{[\text{⑥}]}\,\text{cm})^3 = 10^6[\text{⑦}]$

□1.3 測定したところ，縦 12.3 cm，横 23.2 cm であった長方形の面積は

$$12.3\,\text{cm} \times 23.2\,\text{cm} = 285.36[\text{⑧}] \fallingdotseq [\text{⑨}] \times 10^2\,\text{cm}^2$$

□1.4 物体が一定の速度 v_0 で動いている．時刻 t_1 から t_2 までの移動距離は，時間間隔が [⑩] なので，[⑪] × $(t_2 - t_1)$ である．

□1.5 物体が最初は速度 3 m/s で右に動いており，その後，速度は一定の増加率で増えて 10 秒後には 10 m/s となった．最初の速度のままで動いていたとすれば 10 秒後には [⑫] m 進んでいたはずだが，実際には 7 m/s だけ速度が増えたので，横 10 s，縦 [⑬] m/s の三角形の面積，つまり [⑭] m だけ，さらに進んだ．

□1.6 $\displaystyle\int_0^2 (a+bt)dt = a\int_0^2 [\text{⑮}]dt + b\int_0^2 [\text{⑯}]dt =$
$\qquad = a \times [\text{⑰}] + b \times [\text{⑱}] \cdot 2^2 = 2a + 2b$

□1.7 $\dfrac{d}{dt}(a+bt+ct^2) = \dfrac{d[\text{⑲}]}{dt} + b\dfrac{d[\text{⑳}]}{dt} + c\dfrac{d[\text{㉑}]}{dt}$
$\qquad = 0 + b \times [\text{㉒}] + c \times [\text{㉓}] = b + 2ct$

□1.8 (a) 左下の vt 図のような動きをした人がいる．ただし右方向をプラスとする．その人の動きを表した最も適切な矢印は，右図上から [㉔] 番目である．

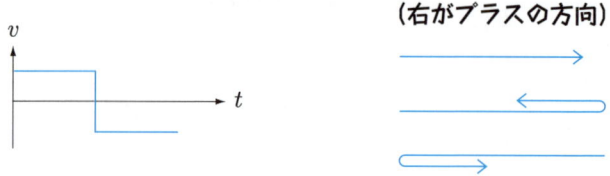

(b) また，その人の位置を表した最も適切な xt 図は左から [㉕] 番目である．

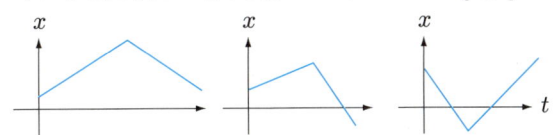

☐ **1.9** 最初の 10 分間は速さ 5 m/s で右方向に動き，その後の 10 分間は，速さ 10 m/s で左方向に動いた．右方向をプラスとすれば，最初の 10 分間の速度は [㉖] m/s であり，その後の 10 分間の速度は [㉗] m/s である．また，この動きを vt 図に描くと，下図のうちの [㉘] であり，また xt 図で表せば，下図のうちの [㉙] である．

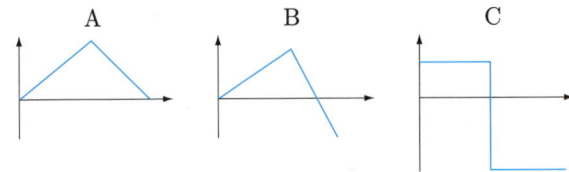

A   B   C

● 応用問題

☐ **1.10** 以下のそれぞれの速さを km/時で求め，速い順番に並べよ．
  (a) 100 m を 10 秒で走る人
  (b) 時速 200 km で走っている新幹線
  (c) 赤道上での地球の自転の速さ（地球の半径を 6400 km とし，24 時間で一周すると考えよ）
  (d) 地球の公転の速さ（地球と太陽の距離を 1.5×10^8 km とし，365 日で一周すると考えよ）

☐ **1.11** 地球と太陽との距離を 1.5×10^8 km としたとき，太陽から地球まで，光は何分で到達するか．ただし光の速度は 30 万 km/s とする．

☐ **1.12** 時刻 t_0 で $x = x_0$ の位置にあり，その後，等速 v_0 で動いた．時刻 t_0 から t までの間の移動距離を求めよ．時刻 t での位置を求めよ．

☐ **1.13** 時刻 t_0 で $x = x_0$ の位置にあった．速度は最初は 0 で，その後，一定の増加率 a で増えた．次の値を求めよ．
  (a) 時刻 t での速度
  (b) 時刻 t_0 から t までの間の移動距離
  (c) 時刻 t での位置

第 1 章 位置と速度

□**1.14** 以下の 3 つの vt 図から得られる xt 図は，それぞれどれか．

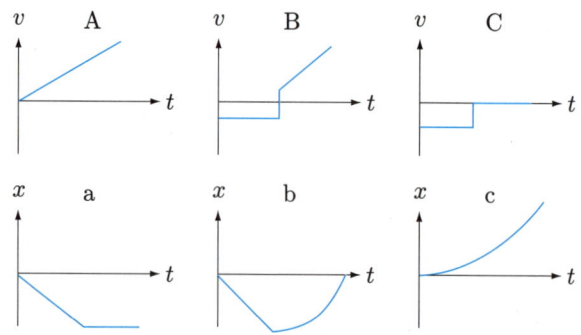

□**1.15** 物体が，速度 $v(t) = v_0 - at$ で動いており，また初期位置は $x(0) = x_0$ であったとする．ただし v_0, a, x_0 はすべてプラスの数とする．次の問いに答えよ．
(a) この物体の動きを矢印で示せ．
(b) 変位が減り始める時刻はいつか．
(c) 各時刻での位置 $x(t)$ を求めよ．
(d) xt 図を描け．

復習問題の解答

① 時, ② 60, ③ m/分, ④ 3, ⑤ 100, ⑥ 2, ⑦ cm³, ⑧ cm², ⑨ 2.85, ⑩ $t_2 - t_1$, ⑪ v_0, ⑫ 30, ⑬ 7, ⑭ 35, ⑮ 1, ⑯ t, ⑰ 2, ⑱ $\frac{1}{2}$, ⑲ a, ⑳ t, ㉑ t^2, ㉒ 1, ㉓ $2t$, ㉔ 2, ㉕ 1, ㉖ 5, ㉗ -10, ㉘ C, ㉙ B

第2章

加速度

　物体の運動が周囲からの影響を受ける様子を調べるのが力学である．その影響は，速度の変化率，つまり加速度という量に現れる．加速度の計算方法，そして等加速度運動という重要な運動を学ぶ．加速度も速度と同様に正負の方向を考える必要があるが，速度の方向とは必ずしも一致しないので，注意が必要である．

慣性の法則（運動の第1法則）
加速度
等加速度運動
等加速度運動の例
放物運動

2.1 慣性の法則（運動の第1法則）

　電車に乗っているときのことを考えていただきたい．高速で動いているはずなのに，立っているとしても窓の外を見なければ，自分が動いているとは感じないだろう．電車が急ブレーキをかけたら，体が進行方向に押される感覚が生じる．また急発進したら，今度は後ろ向きに引っ張られる感覚をもつだろう．しかし等速で動いている限り，感覚としては静止している場合と何も変わることはない．

　このことは400年ほど前に，ガリレオ・ガリレイが気付いたことである．彼は，等速で動いている船の船室内にいる人間は，地上で静止している人とまったく同じように振る舞えると指摘した．たとえば，船室内に立っている人が持っている物の手を放すと，船がどちらに動いているかに関わらず，その物体はその人の足元に落ちる．等速で動く電車の中でも同じである．

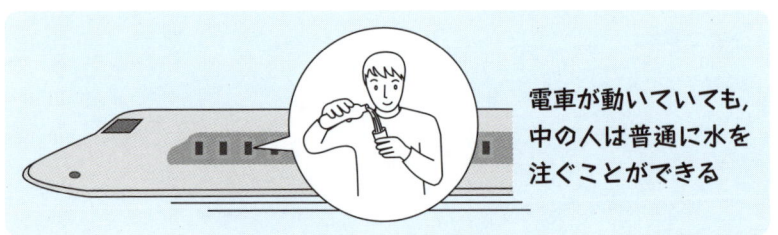
電車が動いていても，中の人は普通に水を注ぐことができる

　宇宙船に乗って宇宙空間にただよっている人を考えてみよう．天体は宇宙船から遠く離れているので，天体を見ても自分がどちらに動いているのかはわからないとする．その横を第2の宇宙船がすれ違って通っていくとしよう．第2の宇宙船から見れば，最初の宇宙船が自分の横を通って行ったと見えるだろう．どちらが動いているのか，それとも，どちらとも動いているのか，区別する方法があるだろうか．もし宇宙船が加速していれば，電車の場合と同じで，その中の人は他の宇宙船を見なくても自分が加速していることがわかる．しかしどちらも加速していなければ，自分から見て相対的に相手が動いていることがわかるだけで，自分自身が動いているのかいないのか判定することはできない．

　このように，物体の運動はあくまで，他の物体と比較してどのように動いて

2.1 慣性の法則（運動の第1法則）

いるのか，つまり「相対的」にしか判定できないということを，ガリレイにちなんで，**ガリレイの相対性原理**と呼ぶ．

注 20世紀になって登場した「アインシュタインの相対性原理」は，これに光速度がからんだ話だが，少しレベルの高い話なのでここでは触れない．第6巻参照．○

力学の基本には慣性の法則というものがあるが，相対性原理から自然に導かれる法則である．無重力の宇宙に浮かぶ宇宙船の中で，何か物体が（宇宙船に対して）じっと浮いていたとする．宇宙船を基準としたときの静止である．その物体は押したり引っ張ったりしなければ（何も力を加えなければ）宇宙船に対して静止し続けるだろう．しかし宇宙船自体が静止しているかどうかを判断する基準はない．もしかしたらそれは，ある方向に等速で動き続けているのかもしれない．その場合は，宇宙船の中のこの物体も，等速で動き続けていることになる．

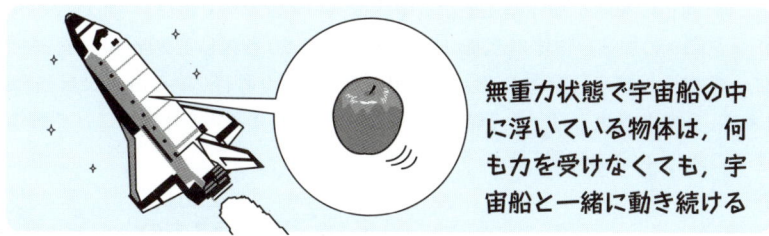
無重力状態で宇宙船の中に浮いている物体は，何も力を受けなくても，宇宙船と一緒に動き続ける

これが**慣性の法則**（別名，**運動の第1法則**）である．言葉でまとめれば，

「周囲から影響を受けていない物体は，等速直線運動をし続ける」

単に等速であるばかりでなく，運動方向が曲がらないこと（直線運動）も重要だが，これについては第4章で解説する．また，「影響を受けている（あるいはいない）」ということは，力学的には「力を受けている（あるいはいない）」という表現になるが，まだ「力」という概念を説明していないので，ここではあえて，「影響」という抽象的な表現にした．

2.2 加速度

慣性の法則によれば，周囲からの影響がなければ速度は変わらない．したがって周囲からの影響がもたらすのは，速度の変化である．そこでまず，速度の変化がどのように表現できるかを考えよう．

位置の変化率を表すのが速度である．それと同様に，速度の変化率を表す量を**加速度**と呼ぶ．加速とは日常的には速さが増える場合だが，速度の変化には減速もある．それぞれ加速度はどのように表されるだろうか．

課題 1 下記の場合の平均加速度をそれぞれ計算せよ．ただし，右向きに動いている場合に速度がプラスであるとする（速度の正負は 1.8 項参照）．
(a) （右向きの加速）物体の速度が $3\,\mathrm{m/s}$ から 10 秒（$10\,\mathrm{s}$）後には $10\,\mathrm{m/s}$ になった．
(b) （右向きの減速）物体の速度が $5\,\mathrm{m/s}$ から 10 秒後に $0\,\mathrm{m/s}$ になった．
(c) （左向きの加速）物体の速度が $-10\,\mathrm{m/s}$ から 20 秒後に $-20\,\mathrm{m/s}$ になった．
(d) （左向きの減速）物体の速度が $-10\,\mathrm{m/s}$ から 20 秒後に $-5\,\mathrm{m/s}$ になった．

考え方 平均加速度とは，ある時間間隔における速度の平均変化率のことであり，「速度の変化÷経過時間」という式で計算される．

解答 (a)
$$\text{速度の変化} = 10\,\mathrm{m/s} - 3\,\mathrm{m/s}$$
$$= 7\,\mathrm{m/s}$$
だから
$$\text{平均加速度} = 7\,\mathrm{m/s} \div 10\,\mathrm{s}$$
$$= (7 \div 10) \times (\mathrm{m/s} \div \mathrm{s}) = 0.7\,\mathrm{m/s^2}$$

単位は，分母が秒の 2 乗になる．$\mathrm{m/s^2}$ はメートル毎秒毎秒と読む．答えはプラスになる．プラスの方向（右方向）に動きながら加速するときは，加速度はプラスである．

(b) （以下，途中の単位は省略する）
$$\text{平均加速度} = (0 - 5) \div 10 = -0.5\,(\mathrm{m/s^2})$$

プラスの方向に動きながら減速すると，加速度はマイナスになる．

(c)

平均加速度 = {(−20) − (−10)} ÷ 20
= (−10) ÷ 20
= −0.5 (m/s^2)

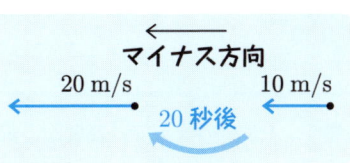

マイナスの方向に動きながら加速すると，加速度はマイナスになる．

(d)

平均加速度 = {(−5) − (−10)} ÷ 20 = 0.25 (m/s^2)

マイナスの方向に動きながら減速すると，加速度はプラスになる．

課題 2 物体を垂直に投げ上げると，ある程度まで上がってから落ちてくる．上がっているときの加速度の符号，落ちてくるときの加速度はそれぞれプラスかマイナスか．ただし，上向きをプラス方向とする．

考え方 物体は，上がりながら次第に動きはゆっくりとなり，最高点で瞬間的に止まってから落ちてくる．落ちるにつれてその動きは速くなる．

解答 上がるときは，プラスの方向（上方向）に動きながら減速している．したがって課題 1 の (b) より，加速度はマイナスである．

　落ちているときは，マイナスの方向（下方向）に動きながら動きは速くなる．したがって課題 1 の (c) より，加速度はやはりマイナスである．

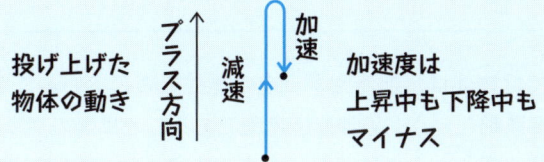

　加速度は常にマイナス，つまり下向きであることがわかった．これは，物体が重力により，常に下方向に引っ張られているからであることを第 3 章で説明する．さらに空気抵抗という効果を除けば，この加速度の大きさはすべての物体に対して同じである（**重力加速度**と呼び，通常，g と記す）．これについても第 3 章で議論する．

2.3 等加速度運動

課題 1 1.6 項の課題で,速度が,$v(t) = v_0 + at$ というように変化している運動を考えた(a は定数).この運動の加速度を求めよ.

考え方 時間間隔 Δt での平均加速度を計算してから瞬間加速度を求める.

解答 まず,時刻 t から時刻 $t + \Delta t$ までの平均加速度を求めよう.この時間間隔での速度の変化 Δv は

$$\Delta v = v(t + \Delta t) - v(t)$$
$$= \{v_0 + a(t + \Delta t)\} - \{v_0 + at\} = a\Delta t$$

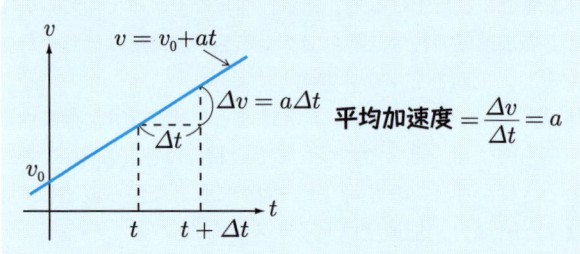

瞬間加速度は,平均加速度の式で Δt を 0 にした極限だが,もともと平均加速度(上の図)は Δt に依存していないので,瞬間加速度も a である.

このケースでは物体は,加速度が一定の運動を表していることがわかった.これを**等加速度運動**という.等加速度運動であることは上のグラフを見てもすぐにわかる.加速度というのは速度 v の変化率であり,瞬間加速度は,v のグラフの各点での接線の傾きになる.微分記号を使えば

$$\text{加速度} = \frac{dv}{dt}$$

である.特に課題 1 の場合は速度 v は t の 1 次関数だから,グラフは直線であり,接線の傾きはどこでも等しい.つまり加速度はどこでも等しい.

2.3 等加速度運動

上の問題とは逆に加速度から速度を求めるときは，次の問題になる．

> **課題2** 速度が，単位時間に a という一定の増加率で増えているとする．時刻 0 での速度を v_0 としたとき，一般の時刻 t での速度 $v(t)$ を求めよ．
> **解答** 時刻 t まででは，速度は at だけ増える．したがって
>
> $$\text{速度の変化} = v(t) - v_0 = at$$
>
> これから $v(t) = v_0 + at$ が得られる．

1.5 項の結果を含めて，等加速度運動の公式をまとめておこう．これらは力学の中でも，最も重要な公式の1つである．

> **等加速度運動**　加速度： $a = $ 定数
> 　　　　　　　　速度　： $v(t) = v_0 + at$
> 　　　　　　　　位置　： $x(t) = x_0 + v_0 t + \frac{1}{2} a t^2$
> 　　　　　　　　ただし，x_0： 時刻 0 での位置（初期位置）
> 　　　　　　　　　　　　v_0： 時刻 0 での速度（初速度）

等加速度運動に限らず一般に，位置 x の微分が速度 v（1.7 項），速度 v の微分が加速度 a である．また微分の逆が積分であるから（付録 A），速度の積分（定積分）が位置の変化（1.6 項），そして加速度の積分が速度の変化である．

> **課題3** 上述の微分，積分の関係を，等加速度運動の場合に確かめよ．
> **解答**　（微分，積分の公式は付録 A 参照）
> 位置の微分　： $\frac{dx}{dt} = \frac{dx_0}{dt} + \frac{d(v_0 t)}{dt} + \frac{d((1/2)at^2)}{dt}$
> 　　　　　　　　$= 0 + v_0 + \frac{1}{2} a \cdot 2t = v(t) \cdots$ 速度
> 速度の微分　： $\frac{dv}{dt} = \frac{dv_0}{dt} + \frac{d(at)}{dt} = 0 + a \cdots$ 加速度
> 速度の積分　： $\int_0^t v(t) dt = \int_0^t v_0 dt + \int_0^t at dt$
> 　　　　　　　　$= v_0 t + \frac{1}{2} a t^2 = x - x_0 \cdots$ 位置の変化
> 加速度の積分： $\int_0^t a dt = at = v(t) - v_0 \cdots$ 速度の変化

2.4 等加速度運動の例

2.2 項の最後に述べたように，地表上で垂直方向に運動する物体は，(空気抵抗の効果を考えなければ) 等加速度運動をする．その加速度を $-g$ と記す．上向きをプラスとし，加速度は下方向なのでマイナス符号を付けた．g (**重力加速度**) の値はほぼ $9.8\,\mathrm{m/s^2}$ であるが，この本では計算を簡単にするために，特別な場合を除き $10\,\mathrm{m/s^2}$ とする．

> **課題 1** 手に持った物体を放したとき，1 秒後には何メートル落下するか．
> **解答** 手の位置を $x=0$，手を放した時刻を $t=0$ とするのが簡単である．初速度は $v_0=0$ なので，前項の公式より ($a=-g$)
> $$x = -\tfrac{1}{2}gt^2 = -\tfrac{1}{2} \times 10\,\mathrm{m/s^2} \times (1\mathrm{s})^2 = -5\,\mathrm{m}$$
> つまり約 5 メートル落下する．

> **課題 2** 垂直上向きに，物体を速度 v_0 (>0) で投げ上げるとしよう．速度と位置の変化をグラフに描き，それが表す物体の動きを説明せよ．
> **考え方** 加速度が $a=-g$ のグラフを描く．
> **解答** 投げ上げた時刻を $t=0$，投げ上げた位置を $x=0$ とする． 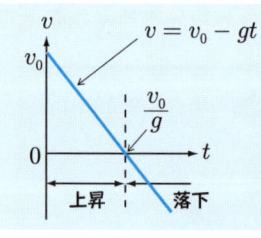
>
> **速度のグラフ：**
> 最初は運動が上向きなので速度はプラス，そしてその後，マイナスになる．速度の符号が変わる時刻は $t=\dfrac{v_0}{g}$ 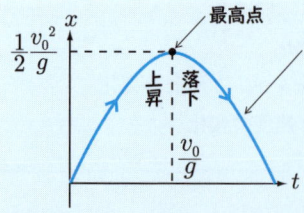
>
> $$x = v_0 t - \tfrac{1}{2}gt^2 = -\tfrac{1}{2}g\left(t-\tfrac{v_0}{g}\right)^2 + \tfrac{1}{2}\tfrac{v_0^2}{g}$$
>
> **位置 x のグラフ：**
> 物体はある位置 (最高点) まで上がり，それから落ちてくる．最高点になる時刻は $v=0$ になる時刻である．

2.4 等加速度運動の例

次の例は，水平方向に動く自動車の加速度運動である．

課題3 静止していた自動車が，時刻 0 でプラスの方向に，加速度 $5\,\text{m/s}^2$ で 10 秒間動く．その後，等速運動を 20 秒間し，最後に加速度 $-10\,\text{m/s}^2$ で減速して停止する．停止するまでの加速度，速度，位置の変化をグラフに描け．

解答 時刻を秒単位で t，位置をメートル単位で x と表す．また，動き出した時刻を $t=0$，位置を $x=0$ とする．

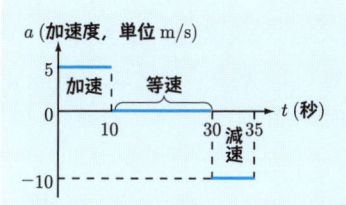

a (**加速度，単位** m/s)

加速 / 等速 / 減速

v (m/s)

$v = 5t \quad v = 50 \quad v = 50 + (-10)(t-30) = 350 - 10t$

← $t=30$ での速度   ← 加速度

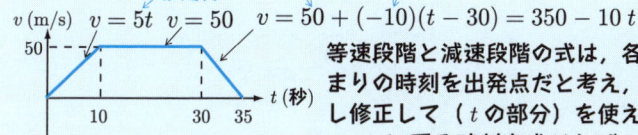

等速段階と減速段階の式は，各段階の始まりの時刻を出発点だと考え，公式を少し修正して（t の部分）を使えばよい．$v=0$ に戻る時刻を求めれば，停止するのは 35 秒後であることがわかる．

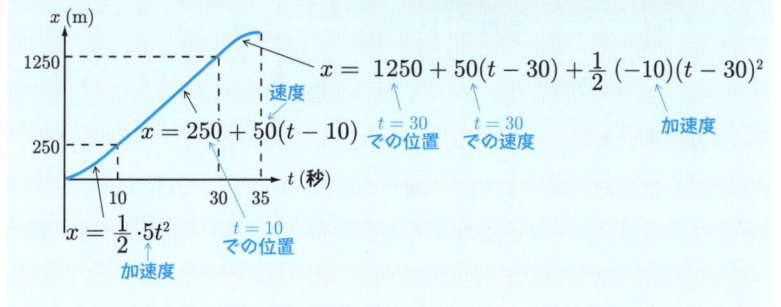

x (m)

$x = 1250 + 50(t-30) + \frac{1}{2}(-10)(t-30)^2$

$x = 250 + 50(t-10)$

$x = \frac{1}{2}\cdot 5 t^2$

↑ 加速度   ↑ $t=10$ での位置   ↑ $t=30$ での位置   ↑ $t=30$ での速度   ↑ 加速度

2.5 放物運動

　これまでは，垂直方向にしろ水平方向にしろ，一直線上を動く物体の動きを調べてきた．しかし地表上で物体を斜め方向に投げたときはそうはいかない．それは一直線上の運動ではなく，鉛直平面（投げた方向を含む地面に垂直な平面）上の曲線運動になる．

　平面上の位置を決めるには 2 つの座標が必要である．これまでは物体の位置を常に x で表してきたが，鉛直上の運動を考えるので，横方向（水平方向）に x 軸，縦方向（鉛直方向）に y 軸を取ろう．すると，この面上の各点は，2 つの座標 (x, y) のセットで表される．そして各時刻 t での物体の位置は，$(x(t), y(t))$ というように，2 つの関数 $x(t)$ と $y(t)$ で表される．

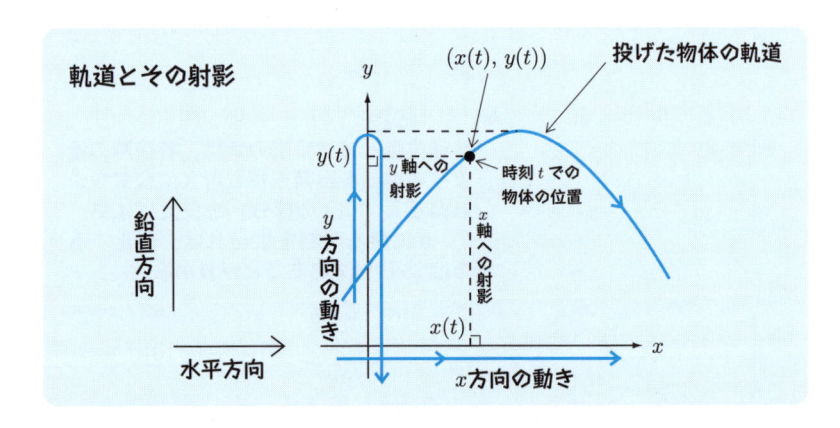

　$x(t)$，$y(t)$ それぞれは，x 方向（水平方向），y 方向（鉛直方向）それぞれの動きを表す．図で表せば，それぞれの座標軸への**射影**（垂線の足）の動きになる．

　前項で，鉛直運動の場合，物体は等加速度運動をすると述べた．物体は地球の重力によって真下に引っ張られるからである．斜めに動く場合も，物体は真下に引っ張られることには変わりはないので，鉛直方向の運動 $y(t)$ が等加速度運動になる．また水平方向には重力は働いていないので，慣性の法則の場合と同じで $x(t)$ は等速運動になる（詳しくは第 3 章参照）．

2.5 放物運動

課題 地表から 45 度の方向に速度 10 m/s で物体を投げた．この物体が地表に落ちてくるまでの軌道を求めよ．重力加速度 g は $10\,\mathrm{m/s^2}$ としてよい．

考え方 投げ上げた時刻を $t=0$，その位置（初期位置）を原点 $(0,0)$ だとして，x 方向，y 方向それぞれの運動を考える．まず最初に各方向の初速度を求めなければならない．

解答 最初は 45 度の方向に動き始める．その動きを x 方向，y 方向に射影するために，角度 45 度の直角三角形の各辺の比率を考えると

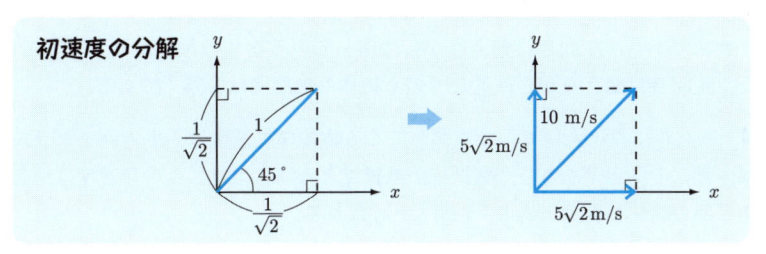

初速度の分解

（45°直角三角形：斜辺 1，各辺 $\frac{1}{\sqrt{2}}$）⇒（斜辺 10 m/s，各辺 $5\sqrt{2}$ m/s）

各方向の初速度は，$10 \div \sqrt{2} = 5\sqrt{2}$（約 7 m/s）であることがわかる．

これを 2.3 項の公式にあてはめれば，y 方向の運動は加速度 -10（m/s^2）の等加速度運動なので，

$$y(t) = 0 + (5\sqrt{2})t + (-\tfrac{1}{2} \times 10)t^2$$

x 方向の運動は等速運動だから

$$x(t) = 0 + 5\sqrt{2}\,t$$

これより $t = \frac{x}{5\sqrt{2}}$ となるから，それを y の式に代入して t を消去すれば

$$y = x - \tfrac{x^2}{10} = -\tfrac{1}{10}x(x-10)$$

これが軌道の式であり，x の 2 次式，つまり放物線の式である．そもそも放物線とは，「放たれた物体が描く曲線」という意味である．

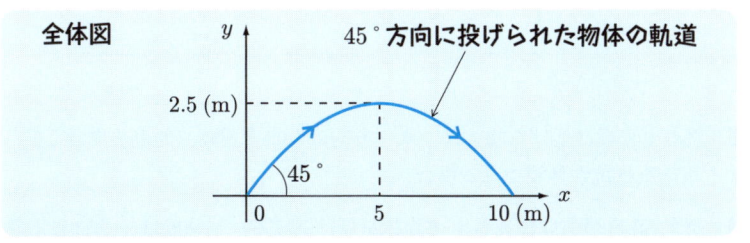

全体図

45°方向に投げられた物体の軌道．最高点 2.5 (m)，着地点 10 (m)，頂点の x 座標 5．

復習問題

以下の [ ] の中を埋めよ（解答は 34 ページ）．

□**2.1** 周囲から影響を受けていない物体は，等速直線運動をし続けるという法則を，[①] の法則あるいは運動の第 [②] 法則という．

□**2.2** 位置の変化率が速度であり，速度の変化率が加速度である．位置を微分すれば（瞬間的な）[③] が得られ，速度を微分すれば（瞬間的な）[④] が得られる．

□**2.3** 右向きをプラスとしたとき，右向きに動きながら加速している物体の加速度はプラスであり，左向きに動きながら加速している物体の加速度は [⑤] である．また，左向きに動きながら減速している物体の加速度は [⑥] である．

□**2.4** 上向きに投げ上げて，また落ちてくる物体の加速度は，上方向をプラスとすれば，常に [⑦] である．空気抵抗が無視できる場合には，この加速度は地表上ではあらゆる物体に共通であり，[⑧] と呼ばれる．

□**2.5** 加速度が一定の直線運動を等加速度運動という．加速度の値を a，時刻 0 での位置と速度（初期位置と初速度）をそれぞれ x_0, v_0 とすれば，時刻 t での速度と位置は

$$v(t) = [\,⑨\,], \qquad x(t) = [\,⑩\,]$$

と表される．

□**2.6** 重力加速度を $10\,\mathrm{m/s^2}$ とすると，落下し始めてから 1 秒後の物体の速度は [⑪]m/s であり，落下距離は [⑫] m である．

□**2.7** 右方向に動いている物体が，最初は加速，それから減速に転じたとする．下記の 3 つの図で，加速度の図が [⑬]，速度の図が [⑭]，位置の図が [⑮] である．

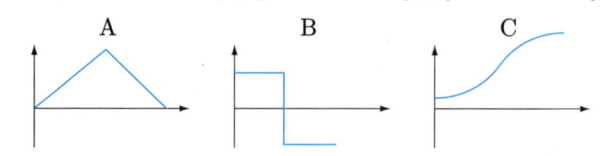

A　　　　B　　　　C

□**2.8** 斜め上に投げ上げた物体は，水平方向は [⑯] 運動，鉛直方向は [⑰] 運動をする（空気抵抗が無視できる場合）．

□**2.9** 傾き 60 度の方向に速さ v で物体を投げ上げる．初速度は x 方向は [⑱]，y 方向は [⑲] である．ただし $\sin 60° = \frac{\sqrt{3}}{2}$, $\cos 60° = \frac{1}{2}$ を使った．

章末問題

応用問題

□**2.10** 各時刻での速度が $v(t) = v_0 + at^2$ と表されるとき，時刻 0 から T までの平均加速度を求めよ．また，各時刻での瞬間加速度を求めよ．

□**2.11** 150 km/時の速さで物体を鉛直方向に投げ上げた（プロ野球の投手の速球の速度）．空気抵抗が無視できるとき，この物体は何メートルまで上がるか．また何秒後に地表に落下するか．

□**2.12** 時刻 t_0 での位置が x_0，速度が v_0 の等加速度運動（加速度 $= a$）の式は
$$x(t) = x_0 + v_0(t - t_0) + \tfrac{1}{2} a (t - t_0)^2$$
と表される．
(a) 微分を使って速度と加速度を求めよ．
(b) 時刻 t_0 での条件を満たしていることを示せ．

□**2.13** 最初の速度が 10 m/s，その後 30 秒間の加速度が 5 m/s^2，その後の 30 秒間の加速度が -3m/s^2 であった．最初から 1 分間の速度の変化を図示せよ．

□**2.14** 時速 60 km の等速で目の前を自動車 A が通り過ぎて行った．それから 1 分後に，その場所から自動車 B が加速度 600 m/分^2 で発進し，2 分間，等加速度で加速した後に等速運動に移った．時刻 t（分で表す）での各自動車の位置を求め，xt 図を描け．また，自動車 B が自動車 A に追い付く時刻を求めよ．

□**2.15** 時速 60 km で走っている自動車を，等加速度で減速して 20 m で停止させたい．必要な加速度の大きさを求めよ．重力加速度の約何倍か．

□**2.16** 速さ v_0 で斜めに物体を投げたとき，どの角度で投げたときに最も遠くまで届くかを計算したい．
(a) x 方向は初速 v_{0x}，y 方向は初速 v_{0y}，また初期位置は $x = y = 0$ だとして，$x(t)$，$y(t)$ の式を書け．
(b) この 2 式から t を消去して，x と y の関係を求めよ．
(c) $y = 0$ となる x（つまり地上に落ちてくる位置）を求めよ．
(d) 投げるときの角度を θ とし，$v_{0x} = v_0 \sin\theta$，$v_{0y} = v_0 \cos\theta$ を代入して，(c) で求めた x（x_c と書く）と θ の関係を求めよ．
(e) $2\sin\theta\cos\theta = \sin 2\theta$（付録 B）という公式を使って，$x_c$ を最大にする θ を求めよ．
(f) $v_0 = 100$ km/ 時のとき，最大となる x_c の値を求めよ．

第 2 章 加速度

復習問題の解答

① 慣性, ② 1, ③ 速度, ④ 加速度, ⑤ マイナス, ⑥ プラス, ⑦ マイナス, ⑧ 重力加速度, ⑨ $v_0 + at$, ⑩ $x_0 + v_0 t + \frac{1}{2}at^2$, ⑪ 10, ⑫ 5, ⑬ B, ⑭ A, ⑮ C, ⑯ 等速, ⑰ 等加速度, ⑱ $\frac{v}{2}$, ⑲ $\frac{\sqrt{3}v}{2}$

第3章
運動方程式と力

　力学の最も基本的な法則が，ここで学ぶ運動方程式（運動の第2法則）である．力，そして質量という考え方を運動方程式を通して導入する．そして，作用には，それと大きさが等しい反作用があるという第3法則と合わせた運動の3法則の相互関係について説明する．重力以外のさまざまな力（垂直抗力，張力，摩擦力，気圧，抵抗力など）の基本的な性質についても解説する．

運動方程式（運動の第2法則）
力と運動の関係
重力の性質
方向とベクトル
垂直抗力・張力
作用・反作用の法則
　　　（運動の第3法則）
摩擦力
気圧
抵抗力と過渡現象

3.1 運動方程式（運動の第2法則）

慣性の法則（運動の第1法則）によれば，周囲からの影響がなければ物体は等速直線運動をする．したがって，もしある物体の速度が変わっている，つまり加速度がゼロではないとすれば，そのときその物体は，周囲から何らかの影響を受けていることになる．そしてそのときの加速度（瞬間加速度）の値を具体的に決める法則として，

$$\text{加速度} \propto \text{周囲からの影響}$$

という式が成り立つことが考えられる．$\propto$ とは，両辺が比例しているという意味である．

この式の右辺をより正確に記せば，「周囲からの影響を数値として表したもの」ということだが，これを我々は**力**と呼ぶ．

なぜ力と呼ぶのだろうか．力という概念は，昔から「つり合い」という議論の中に登場しており，それが上の，「周囲からの影響」と同じものだと考えられるからである．実際，静止しているのなら「加速度 = 0」だから，上の式から「周囲からの影響」はゼロでなければならない．つまり周囲からの影響があったとしても，それらは打ち消し合ってゼロになっていなければならない．これはまさに，力のつり合いと同じである．したがって上の式を

$$\text{加速度} \propto \text{力}（\text{正確には，周囲から受ける力の合計}）$$

と書き換えることにする．この法則は結局，力がつり合っていないときは何が起こるかを示した法則だということができる．

次に，この式の比例係数について考えよう．周囲から受ける力が同じだとしても，一般には物体によって加速度は異なる．たとえば物体に含まれる物質の量が2倍になれば，力の影響は分散され，加速度は半分になるだろう．

そこで，上の比例式の比例係数は，各物体の（何らかの意味での）「物質の量」を表すものだと考え，それを**質量**と呼び，上の式を

$$\boxed{\text{質量} \times \text{加速度} = \text{力}} \tag{1}$$

と書く．質量は左辺に付いており，質量が2倍になれば加速度は半分になる．こ

3.1 運動方程式（運動の第2法則）

の式が**ニュートンの運動方程式**, すなわち**運動の第2法則**である.

しかし物質の量といっても曖昧な概念である. 同じ物質だったら, その量は体積に比例するだろうが, たとえば鉄と木だったら, 体積が同じでも質量は等しくない. そのことは, 同じ力で押したとき, 生じる加速度が違うことでわかる. では, 鉄と木の物質の量の関係は, どのように決めたらいいのだろうか.

物体の質量を決定するには, 式(1)自体を利用すればよい. つまり, 大きさのわかっている力を与えたときに生じる加速度を測定し, 式(1)を使えば,

$$質量 = 力 \div 加速度$$

という関係から, 質量が得られる.

このように説明すると, 式(1)が成り立つように質量を決めるのならば, この式が成り立つのは当たり前であり, 法則と呼ぶ価値はないと誤解する人もあるかもしれないが, もちろんそうではない. ある状況において上記のような実験をし, 物体の質量を決める. すると, その質量の値を使えば他のあらゆる状況においても式(1)が成り立つというのが, この法則の価値なのである.

最後に式(1)を, より数学的な表現で表しておこう. 質量(mass)を m, 加速度(acceleration)を a, 力(force)を F と記すと, 式(1)は

$$ma = F$$

となる. また, 加速度は速度 v の微分であることを使えば

$$m\frac{dv}{dt} = F$$

コラム 力 F は時間とともに変化しうるが, ほぼ一定とみなせるほど短い時間 (Δt とする) を考えよう. この微小時間では物体の運動はほぼ等加速度運動 (加速度は $\frac{F}{m}$) になるので, 1.6項の公式より 速度 $= v_0 + \frac{F}{m}\Delta t$ である. 右辺第1項はそれまでの速度, 第2項はこの時間内での速度の変化である. ニュートンは第1項の効果を第1法則, 第2項の効果を第2法則と呼んだ. つまり現在, 我々が運動の第2法則と呼んでいる式(1)とはややニュアンスが違う. ちなみにニュートンは, これらの法則が自分の発見であるとは言っていない. 慣性の法則はガリレイやデカルトなどが提唱していたし, 落下物体の速度が時間に比例して増えることもガリレイによって示されていたからである. しかし力と「速度の変化」の関係を一般的に成り立つ法則として提唱したのはニュートンである. ○

3.2 力と運動の関係

これまでの説明を読めば，$ma = F$ という関係は自然な考え方だと思えるだろう．しかし少なくとも，アリストテレスなどの古代ギリシャの人々，あるいはニュートンよりも100年ほど前に生きたケプラーなどは，物体がある方向に動いているのは，動いている方向に力が働いているからだと考えていた．力は物体の動いている方向ではなく，動きの変化（加速度）の方向を向くというのがニュートンの考え方である．具体例で考えてみよう．

> **課題1** 物体を真上に投げたとしよう．その動きは次第に減速し，最高点に達した後，加速しながら落ちてくる．その物体が上がっていくとき，力はどちらの方向を向いているか．下がっていくときはどうか．
>
> **考え方** たとえば手でこの物体を投げ上げたとすれば，投げた瞬間の手の力は上向きだろう．しかしこの問題は，手を離れた後に力はどちらを向いているか，ということを尋ねている．働いている力は重力であることを知っていれば，力がどちら向きかは明らかだが（下向き），ここではその知識はないものとしよう．むしろ物体の動きと運動方程式を使って，まだ知らない力の方向を探ろうという問題である．
>
> **解答** 物体は上がりながら減速している．したがって（上向きをプラスとしたとき）速度はプラスだが，加速度はマイナスである．したがって $ma = F$ という法則により，力 F もマイナス，つまり下向きでなければならない（質量 m は常にプラスである）．また物体が落ちてくるときは下向きに加速している．つまり加速度は下向き（マイナス）なので，力はやはり下向きでなければならない．
>
> 加速度は常に下向き
>
> $$ma = F$$
>
> 力も常に下向き

投げ上げた物体には，上がっているときも，その後に落ちてくるときも，下向きの力が働いている．必ずしも，物体が動いている方向に力が働いているの

3.2 力と運動の関係

ではない．また，向きばかりでなく力の大きさを求めるには，具体的に加速，あるいは減速の程度を測定しなければならない．

> **課題2** 1 kg の物体を手に持ち，そっと放した所，1秒で 5 m 落下した．この1秒間，この物体に働いている力の大きさは一定であったと仮定して，力の大きさを求めよ．
>
> **考え方** 力 F が一定であったとすれば $ma = F$ より $a =$ 一定，つまり等加速度運動である．等加速度運動の公式を使って a を求め，それから $ma = F$ を使って力を求める．そっと放したというのは，初速度は 0 だということである（地表上での1秒間の落下距離は，より正確には 4.9 m ほどである（空気抵抗が無視できれば））．
>
> **解答** 5 m 落下したということなので，変位は -5 m である（上向きをプラスとした）．したがって 2.3 項の公式より
> $$-5\,\mathrm{m} = \frac{1}{2}a(1\mathrm{s})^2$$
> すなわち
> $$a = -2 \times 5\,\mathrm{m} \div (1\mathrm{s})^2 = -10\,\mathrm{m/s^2}$$
> したがって
> $$F = ma = -1\,\mathrm{kg} \times 10\,\mathrm{m/s^2} = -10\,\mathrm{kg\,m/s^2}$$
> 答えはマイナスなので力は下向き．大きさは $10\,\mathrm{kg\,m/s^2}$ である．

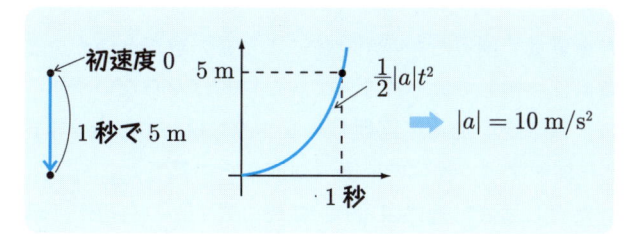

上の計算からもわかるように，力の単位は $\mathrm{kg\,m/s^2}$ である．kg を g で表すなど別の表現も可能だが，SI 単位系では上の書き方が標準である．そして，$\mathrm{kg\,m/s^2}$ といちいち書くのは煩雑なので，この組合せを単に N と書き，ニュートンと読む．これを使えば上問の答えは 10 N である．

3.3 重力の性質

ピサの斜塔の実験　重力の基本的性質を明らかにしたとして有名なのが，ガリレイによってなされたという逸話がある，ピサの斜塔での実験である（下記のコラム参照）．実験は，質量の異なる 2 つの物体を塔の上から同時に落下させ，同時に地面に到達することを確かめるという内容である（ただし物体は，空気抵抗が無視できるほど十分に重いものであり，重力の効果だけを考えればいい場合に限る．紙のような軽いものだったら，空気抵抗が大きいのでこの実験は成立しない）．

> **ピサの斜塔の実験**
>
> 空気抵抗がなければ
> すべての物体は
> 同時に落下する

同時に地面に達するということは，同じように加速されたということである．運動方程式より

$$\text{加速度} = \text{重力} \div \text{質量} \tag{1}$$

だから，重力を質量で割ったものが物体によらない数だということになる．つまり重力は質量に比例して大きくなっていなければならない．

ガリレイは，落下が等加速度運動であることも示していた（3.1 項のコラム参照）．つまり加速度は，物体の位置（地面からの高さ）にもよらないということである（ただし地表付近に限る）．結局，式 (1) の右辺が，単なる定数だということであり，それが前章で導入した重力加速度 g である．（空気抵抗の効果が無視できれば）すべての物体がこの加速度で落下する．記号を使えば

$$\text{重力} = mg \tag{2}$$

実際に測定すると $g = 9.8\,\mathrm{m/s^2}$ 程度だが，この値は場所によってわずかに異なる（たとえば北極では赤道上よりも 0.5 パーセント程度大きい）．

コラム　ピサの斜塔の実験は，ガリレイの弟子が作った架空の話だというのが定説だが，ガリレイは斜面で球を転がし，加速度がその質量によらないことを確かめたとい

3.3 重力の性質

う記録はある．またシモン・ステビンという人が同時代（16世紀末），オランダで，2つの大きさの違う鉄球を塔から落として同時に落下することを確かめたという記録が残っている． ○

重力は質量に比例して大きくなる．これは実は，非常に不思議なことである．物体の体積が 2 倍になれば量が 2 倍になるので，それにかかる重力が 2 倍になるというのも不思議ではない．しかしたとえば，鉄とアルミでは，同じ体積でも質量は鉄のほうが 3 倍ほど大きい．したがって，それらに働く重力も 3 倍ほど違うことになるが，なぜ質量と重力にはそのような関係があるのだろうか．$ma = F$ という関係からわかるように，質量とは加速されにくさ（たとえば押したときの動かしにくさ）を表している量だが，なぜそれが重力の大きさに関係するのだろうか．

よく質量は「重さ」であると言われる．しかし重力によって引っ張られるという意味の「重さ」は，押したときに動かしにくいという意味での「重さ」とは違う．重力によって引っ張られる重さは，手で持って感じてもいいが，その物体をバネにつるしてみることでわかる．

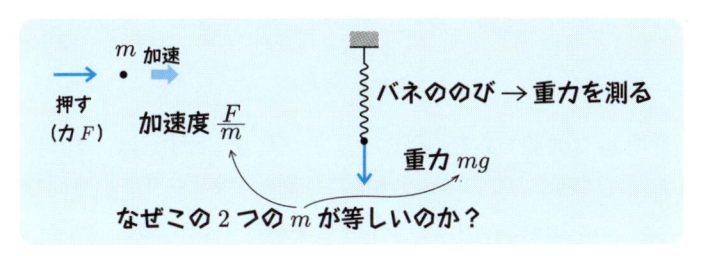

押す（力 F）→ m 加速　加速度 $\dfrac{F}{m}$

バネののび → 重力を測る　重力 mg

なぜこの 2 つの m が等しいのか？

重力で大きく引っ張られるときは，バネもそれだけ長くなるだろう（バネの法則は 6.1 項参照）．バネの伸びという効果をもたらす重さと，押したときに加速される程度を表す重さが，実は同じ量だというのが，式 (2) が質量 m に比例していることの本質的な意味である．そしてその根拠は，たとえば落下実験ですべてのものが同時に落ちるということであった．ニュートンはこのことを，振り子の運動から確かめた（6.5 項式 (2) 参照）．つまり理屈でわかったことではなく，実験によって確かめられた経験上の知識なのである．

根拠が実験だというのならば，もし極めて精密な実験をすれば，この 2 つがわずかに違うという結果が出るかもしれない．さまざまな精密実験が繰り返されているが，21 世紀になっても，この 2 つに違いがあるという実験結果は出ていない．

3.4 方向とベクトル

　これまで直線上の運動を考えてきたが，平面上での運動の場合は，運動の法則をどのように考えたらいいだろうか．

　たとえば斜め方向に物体を投げた場合を考えてみよう．運動は平面上の運動になる（放物運動）．2.5 項では，平面上の運動は鉛直方向と水平方向に射影して考える，と説明した．そして，物体は重力によって真下に引っ張られるので，鉛直方向の運動は等加速度運動，水平方向の運動は等速運動になると，天下り的に述べたが，厳密には運動方程式によって説明しなければならない．

　平面上の運動の場合，運動方程式は，x 方向（水平方向），y 方向（鉛直方向），それぞれに対して与えられる．x 方向の運動については，その加速度を a_x と記し，また x 方向に働く力を F_x と記すと，運動方程式は

$$ma_x = F_x \tag{1}$$

となる．また y 方向の運動については，同じような記号を使って

$$ma_y = F_y \tag{2}$$

である．質量 m は共通である．そして力 F が重力だとすれば，それは真下（つまり $-y$ 方向）に働く力なので，x 方向には働かず $F_x = 0$ であり，したがって x 方向については加速度 $= 0$，つまり等速運動になる．また，$F_y = -mg$（一定）なので，y 方向は，加速度が $-g$ の等加速度運動になる．これが，2.5 項で述べた結論であった．

　重力は真下に働くので話は簡単だったが，力が斜め方向に働いていたらどのように考えたらいいだろうか．F_x や F_y はどうなるだろうか．このような問題は，最初から特定の方向に射影して考えるのではなく，全体を「ベクトル」的に考えるとわかりやすい．

　そこでまず，ベクトルについて簡単な解説（復習）をしておこう．ベクトルとは，大きさと方向をもった量であり，矢印で表される．記号は太文字で，$\boldsymbol{a}$ と書いたり，あるいは上に矢印を付けて $\vec{a}$ と書くこともあるが，この本では太文字表記のほうを使う．

3.4 方向とベクトル

ベクトルを何倍かするとは，方向を変えないで大きさだけ増減させることである（図は2倍した例）．何分の1にするという操作も同様である．また $-a$ とは a に -1 を掛けるということだが，大きさは変えないまま方向を逆転させる．

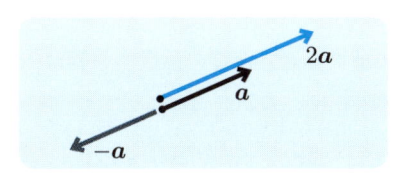

次に，2つのベクトルの足し算 $a+b$ を考えよう．これは，普通の数の足し算との類推で考えられる．たとえば $2+1$ は数直線で考えれば，原点から2だけ進み，さらに1だけ進んだ位置である．ベクトルの場合も，まず始点を決め，そこから a だけ進み，さらに b だけ進む．始点とその終点を結んだ矢印が，$a+b$ の答えである．

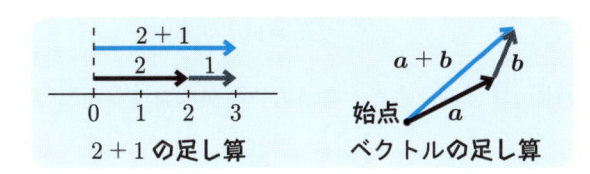

ベクトルの足し算は平行四辺形で考えてもよい．a と b で作った平行四辺形の対角線が $a+b$ になる．

足し算が定義できれば引き算も定義できる．$a-b$ の答え c を得るには，$b+c=a$ になるように c を求めればよい．a と b を表す矢印を共通の始点から描くと，b の終点から a の終点へ向かう矢印が c になることは，$b+c=a$ になることからわかるだろう．

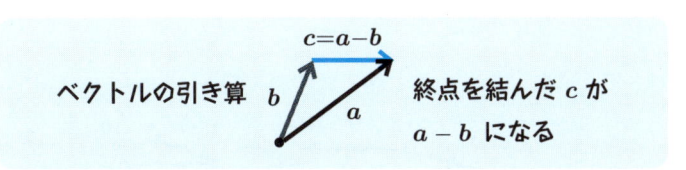

第3章 運動方程式と力

物体の運動の問題に戻ろう．まず，平面上の各時刻での物体の位置をベクトルで表す（**位置ベクトル**と呼ぶ）．それは，平面上のどこかに固定した点 O（原点あるいは基準点と呼ぶ）から，物体の位置までの矢印で表されるベクトルであり，通常，$\boldsymbol{r}(t)$ と表す．物体の位置は時刻によって変わるので t の関数として表した．

時刻が t から $t + \Delta t$ まで経過した時の位置の移動は，位置ベクトルの差で表される．これを変位ベクトルとよび，$\Delta \boldsymbol{r}$ と記すと

$$\Delta \boldsymbol{r} = \boldsymbol{r}(t + \Delta t) - \boldsymbol{r}(t)$$

である．

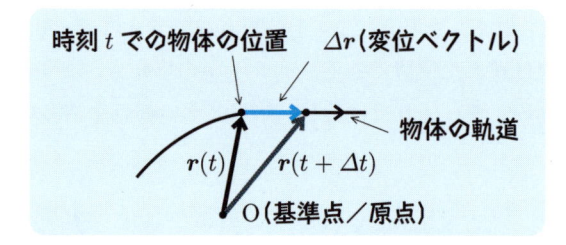

変位 $\Delta \boldsymbol{r}$ を時間 Δt で割ったものが，この時間における速度ベクトルである．

$$\boldsymbol{v}(t) = \frac{\Delta \boldsymbol{r}}{\Delta t}$$

（厳密には Δt を無限に小さくする）．Δt は単なる数なので，割ってもベクトルの向きは変わらない．つまり速度ベクトルの方向は $\Delta \boldsymbol{r}$ の方向と同じである．このことから，各点での速度ベクトルは，そこでの軌道の接線の方向に等しいことがわかるだろう．

運動方程式には加速度ベクトルが必要である．速度ベクトルが位置ベクトルの変化 $\Delta \boldsymbol{r}$ から得られるように，加速度ベクトル $\boldsymbol{a}$ は速度ベクトルの変化

$$\Delta \boldsymbol{v} = \boldsymbol{v}(t + \Delta t) - \boldsymbol{v}(t)$$

から求める．

3.4 方向とベクトル

速度ベクトル $\boldsymbol{v}$ は軌道上に描くことが多いが，$\Delta\boldsymbol{v}$ を図示するには始点を共通にして比較しなければならない（向きと長さを変えないで移動する）．$\Delta\boldsymbol{v}$ を使えば加速度ベクトルは

$$\boldsymbol{a}(t) = \frac{\Delta\boldsymbol{v}}{\Delta t}$$

力にも向きがあるのでベクトルである．物体を押している（あるいは引っ張っている）方向が力の向きである．そこで力も太文字で $\boldsymbol{F}$ と表すと，運動方程式は

$$m\boldsymbol{a} = \boldsymbol{F}$$

つまり，加速度ベクトル $\boldsymbol{a}$ は力の方向を向き，それを m 倍したものが力のベクトル $\boldsymbol{F}$ に等しいという法則になる．そしてこの式の x 方向への射影，y 方向への射影がそれぞれ，42 ページの式 (1) と式 (2) になる．

課題 2.5 項の課題の放物運動の軌道上に，$x = 2\,\mathrm{m}$ と $x = 5\,\mathrm{m}$ での速度ベクトルと加速度ベクトルを記せ（大きさと方向を記せ）．

考え方 x 方向は等速運動，y 方向は等加速度運動である．$x = 5\sqrt{2}\,t$ だから，それぞれの時刻は $t = \frac{\sqrt{2}}{5}\,\mathrm{s}$, $t = \frac{\sqrt{2}}{2}\,\mathrm{s}$ である．

解答 速度を求めると

$x = 2\,\mathrm{m}$： $v_x = 5\sqrt{2}\,\mathrm{m/s}$（初速度と同じ）
　　　　　　$v_y(= -gt + 初速度) = (-2\sqrt{2} + 5\sqrt{2})\mathrm{m/s} = 3\sqrt{2}\,\mathrm{m/s}$
　　　　　　$v = \sqrt{v_x^2 + v_y^2} = \sqrt{50 + 18}\,\mathrm{m/s} \fallingdotseq 8.2\,\mathrm{m/s}$
$x = 5\,\mathrm{m}$： $v_x = 5\sqrt{2}\,\mathrm{m/s} \fallingdotseq 7.1\,\mathrm{m/s},\quad v_y = 0$

→ 加速度ベクトル a（常に $-y$ 方向で一定）
→ 速度ベクトル v（軌道に接する方向）

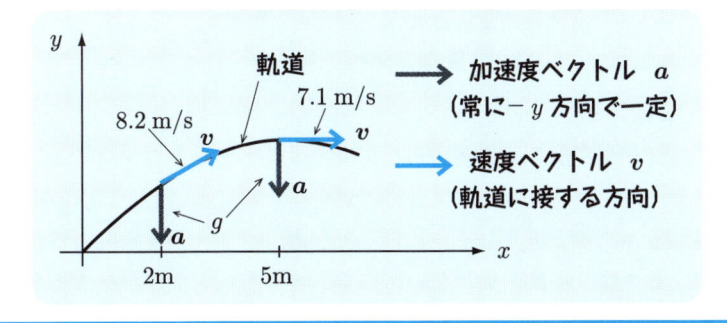

3.5 垂直抗力・張力

　これまで力としては，もっぱら重力のことを考えてきた．しかし自然界にはその他にもさまざまなものがある．たとえば電気力，磁気力というものがあるが，これらはこのライブラリの第3巻で詳しく議論する．

　力学で重要なのは，接触している物体間に働く力である．たとえば2つのものをぶつけるとはねかえる．これは互いに力を及ぼし合って，相手の運動方向を変えるからである．このような力も，元をただせば，それらを構成する原子間での電気力・磁気力が関係しているのだが，それを正確に説明するには量子力学の知識が必要となるので（第5巻），力の発生原因については，ここでは深入りはしない．

　発生原因はともかく，物体間にどのような力が働いているかを見つけるには，向きも大きさもわかっている重力をヒントにするとよい．まず，水平な台の上に物体をそっと置いたとしよう．台が動かなければ物体も動かない．

　この物体には下向きの重力が働いている．それなのに動かないのだから，それを打ち消す上向きの力がなければならない．それは当然，台の表面から受ける反発力である．表面に対して垂直方向に働く力なので，**垂直抗力**という．

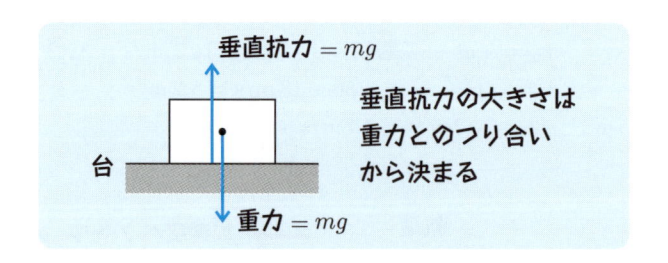

垂直抗力 $= mg$
垂直抗力の大きさは重力とのつり合いから決まる
台
重力 $= mg$

　一般に，何かを変形させると，それを復元しようとする力が生じる．物体が台を押すと，台の表面が（通常は目には見えないほど）わずかにへこみ，物体を押し戻してへこみを復元しようという力が働く．それが垂直抗力である．垂直抗力の大きさは，物体が動かないという，つり合いの条件から決まる．

注　（物体内部の力）重力は下向きのベクトル，垂直抗力は上向きのベクトルなの

3.5 垂直抗力・張力

で，大きさが等しければ足すとゼロになる．したがって物体は動き出さない，という説明をしたが，不思議に思う人もいるかもしれない．実際，台による垂直抗力は，物体との接触部分に働く．一方，重力は，物体を構成しているあらゆる部分に働いている．働いている相手が違うのに，なぜ打ち消し合うと言えるのだろうか．

この問題に答えるには，物体内部の各部分も互いに力を及ぼし合っていることを考えなければならない．これを**内力**といい，重力や垂直抗力は**外力**と呼ぶ．物体内の各部分では内力も含めてつり合いが成り立っている．しかし形が固定している物体全体のつり合いを考えるときは外力だけ考えればよい．内力について作用反作用の法則が成り立っているからだが，詳しくは次項で説明する． ○

今度は，物体をヒモでぶら下げた場合を考えてみよう．物体は，ヒモによって上向きに引っ張られる．この力を**張力**と呼ぶ．ヒモが物体によって引っ張られ，わずかに伸び，ちぢんでもとに戻ろうとして（復元），物体を引っ張るのである．物体がヒモを引っ張り，逆にヒモも物体を引っ張っていることに注意．

課題 1 天井から垂れているヒモに質量 m の物体がぶら下がっている．ヒモの質量は無視できるほど小さいものとする．そのとき，次の力の大きさと向きを求めよ．(a) ヒモが物体を引っ張る力，(b) 天井がヒモを引っ張る力，(c) 物体がヒモを引っ張る力．

考え方 物体に働く重力から出発し，あとはつり合いを考える．

解答 (a) 物体には下向きに重力 mg がかかっている．物体は静止しているのだから，ヒモは物体を上向きに mg の張力で引っ張っている．
(b) 物体とヒモ全体を 1 つの「物」として考えると，それには下向きに mg の重力がかかっている．物体とヒモの間の力は，この場合には内力になるので，「物」全体としてのつり合いでは考える必要はない（上の注を参照）．したがってつり合いから，この「物」は天井から上向きの力 mg を受けている．
(c) ヒモは天井から上向きの力 mg を受けているので，ヒモに関するつり合いから，物体から下向きの力 mg を受ける（ヒモには重力は働かないので）．

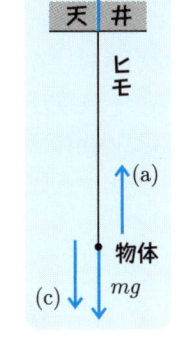

3.6 作用・反作用の法則（運動の第3法則）

前項の課題1の結果を見ていただきたい．「ヒモが物体を引っ張る力」と「物体がヒモを引っ張る力」は，逆向きだが大きさは等しかった．

一般に，物体Aと物体Bが力を及ぼしあっているとき，それを作用・反作用という．物体Aが物体Bに及ぼす力を「作用」と呼ぶことにすれば，物体Bが物体Aに及ぼす力が「反作用」になる．これは対等な関係なので，逆に後者を作用，前者を反作用と呼んでもいい．そして前項の，ヒモと，つるした物体の例では，作用と反作用が逆向きで大きさが等しかった．

一般に，作用があるときは必ず反作用もあり，それは常に逆向きで大きさが等しいという法則を，**作用・反作用の法則**，あるいは**運動の第3法則**と呼び，自然界では必ず成立する法則である．

この法則は物体の衝突に関連してニュートン以前から主張されていたが，ニュートンはこの法則が成立しないと，慣性の法則（第1法則）と矛盾することになると論じた．彼の論理を紹介しておこう．

例として，磁石と鉄を考える．磁石は鉄を引き付けるが（作用），逆に鉄も磁石を引き付ける（反作用）．そこで，図のように，磁石と鉄の間に木の板をはさんで，無重力の宇宙空間に浮かべたとする．磁石と鉄は引き付けあうので，この3つの物体はくっついたまま浮かんでいるだろう．そしてもし最初，静止していたとすれば，慣性の法則から，静止し続けるだろう．

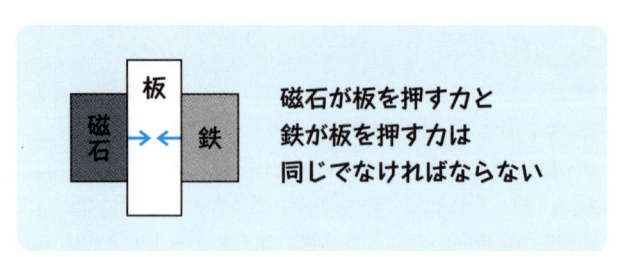

磁石が板を押す力と
鉄が板を押す力は
同じでなければならない

しかし，もし磁石が鉄を引き付ける力のほうが，逆の力よりも大きかったとしよう．鉄は強く引き付けられるので，板を強い力で押す．一方，強く引き付けられない磁石が板を押す力は弱い．つまり板は磁石側に動き始めるが，3つのものはくっついているのだから，全体が加速されるだろう．しかしこの3物

3.6 作用・反作用の法則（運動の第3法則）

体からなる塊（かたまり）が外部からの影響（外力）を受けていないで加速されるというのは，慣性の法則に矛盾する．つまり鉄は，磁石によって引き付けられるのと同じ大きさの力で磁石を引き付けていなければならない（磁石と鉄の間の力は，この塊にとっては内力であり，大きさが等しくて打ち消し合う）．ニュートンは実際，鉄と磁石をそれぞれ2つの小さな舟に入れて水に浮かべ，舟がくっついたまま動かないことを確かめたそうである．

課題 底面積が $0.1\,\mathrm{m}^2$，質量が $1\,\mathrm{kg}$ の直方体を台に載せた．台はどれだけの力をこの物体から受けるか．圧力はどれだけか．重力加速度は $10\,\mathrm{m/s}^2$ とする．

考え方 台が物体に与える力の求め方は前項で示したので，作用・反作用の法則を使えばよい．圧力とは単位面積当たりの力である．つまり力全体を，その力がかかっている面積で割ればえられる．

解答 台が物体に与える垂直抗力（上向き）は mg であり

$$mg = 1\,\mathrm{kg} \times 10\,\mathrm{m/s}^2 = 10\,\mathrm{kg\,m/s}^2 = 10\,\mathrm{N}$$

したがって，物体が台に与える力（反作用）は下向きで $10\,\mathrm{N}$．$1\,\mathrm{m}^2$ 当たりでは

$$10\,\mathrm{N} \div 0.1\,\mathrm{m}^2 = 100\,\mathrm{N/m}^2$$

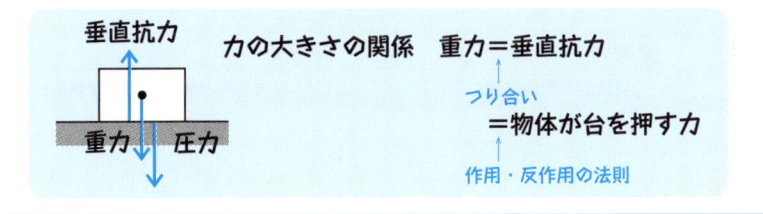

垂直抗力　力の大きさの関係　重力＝垂直抗力
重力　圧力　　　　　　　つり合い
　　　　　　　　　　　　＝物体が台を押す力
　　　　　　　　　　　　作用・反作用の法則

同じ力 $10\,\mathrm{N}$ でも，たとえば細い棒で押している力なのか，広い板で押している力なのかによって，台への影響は異なる．したがって，単に力だけではなく圧力を考えることも重要である．

圧力とは単位面積当たりの力だから，単位は「力の単位÷面積の単位」である．SI単位系では $\mathrm{N/m}^2$（ニュートン毎平方メートル）だが，これをまとめて，Pa（パスカル）と書く．面積 $1\mathrm{m}^2$ 当たりに $1\,\mathrm{N}$（ニュートン）の力が働いているときの圧力が $1\mathrm{Pa}$ になる．天気予報で使われるヘクトパスカル（hPa）は，$100\,\mathrm{Pa}$ を意味する（ヘクトは 100 倍ということ）．気圧については 3.8 項参照．

3.7 摩擦力

3.5項前半で考えた，台に物体が置いてある状況に戻ろう．この物体を手で瞬間的に，水平方向にちょっと押してみる．台の表面の滑らかさ，あるいは物体の重さにもよるが，少し押しただけでは動かないだろう．また，動いたとしても，手を離せば減速してすぐに止まるだろう．いずれにしろ，手で押す力に抗する逆向きの力が働いているはずである．それは，物体と台の表面に生じている摩擦力である．摩擦力は，接触している2つのものをずらそうとするときに，そのずれを戻そうとする方向に働く．

摩擦力の起源は接触している部分の原子間の引力だが，詳しい議論は難しい．そこで通常，摩擦力の大きさを，以下で説明する経験則によって表す．経験則とは，実験によって確かめられた規則ということだが，以下の規則は厳密なものではなく，大雑把な傾向だと考えていただきたい．

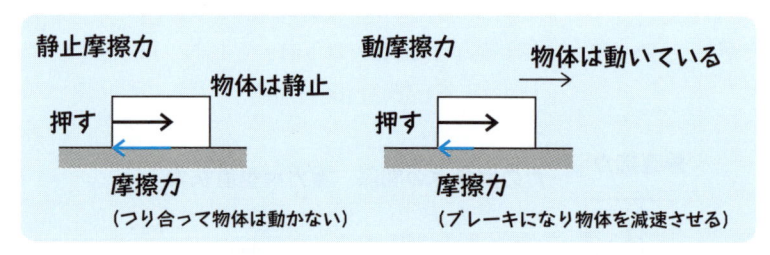

物体が動いていない場合の摩擦力（**静止摩擦力**） 静止摩擦力の大きさは，押している手の力とつり合っているという条件から決まる．したがって，押す力を増やすほど摩擦力も増えるが，限度もあり，それを**最大静止摩擦力**と呼ぶ．最大静止摩擦力は，接触している台と物体が，どれだけの力で互いに押し付け合っているか（つまり垂直抗力の大きさ）に比例する．その比例係数（**静止摩擦係数**）をギリシャ文字の μ（ミュー）で表すと

$$最大静止摩擦力 = \mu \cdot 垂直抗力の大きさ$$

μ は台と物体の各接触面の状態によって決まる定数である．

物体が動いている場合の摩擦力（**動摩擦力**） 動摩擦力は物体の速度にほとんど依存せず，垂直抗力に比例する．比例係数を μ'（**動摩擦係数**）で表すと

3.7 摩擦力

動摩擦力 $= \mu' \cdot$ 垂直抗力の大きさ

μ' も台と物体の接触面の性質で決まる量であり，μ よりも小さい．つまり物体が動き出すと摩擦力は減る（動摩擦力 $<$ 最大静止摩擦力）．

> **課題** 角度が θ の斜面に質量 m の物体が置かれ，静止している．この物体と斜面との間の静止摩擦係数を μ とする．
> (a) 物体に働いている摩擦力を求めよ．
> (b) 動かない条件を求めよ（動いている場合は章末問題 3.15）．
>
> **考え方** 重力と運動方向は同じではないので，一直線上の問題ではなく，平面での問題として考えなければならない．平面内の問題は 2.5 項あるいは 3.4 項では，水平方向と鉛直方向に射影して考えると説明した．しかし実際に物体が動くのは斜め方向（斜面方向）である．したがって，斜面方向と，それに垂直な法線方向への射影を考えるほうがやさしい（法線とは斜面に垂直な線）．
>
> **解答** (a) 重力の斜面方向への成分（射影した大きさ）は $mg\sin\theta$（$F_{//}$ と書く）．しがって，動いていないとすれば静止摩擦力は逆向きで $mg\sin\theta$．
> (b) 重力の法線方向の成分は $mg\cos\theta$（$F_\perp$ と書く）．法線方向のつり合いから垂直抗力の大きさも $mg\cos\theta$．したがって
>
> $$\text{最大静止摩擦力} = \mu \cdot \text{垂直抗力} = \mu mg\cos\theta$$
>
> これが $F_{//}$ より大きければ物体は動かない．したがって動かない条件は
>
> $$\mu mg\cos\theta \geq mg\sin\theta \quad \text{すなわち} \quad \mu \geq \frac{\sin\theta}{\cos\theta} = \tan\theta$$
>
> つまり θ が大きくなり（したがって $\tan\theta$ も大きくなる）上の不等式が成り立たなくなったとき滑り始める．

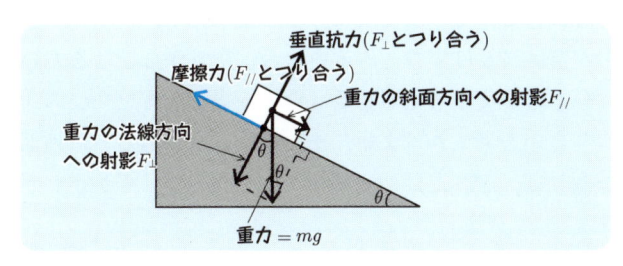

注 「$//$」は平行，「$\perp$」は垂直という意味．ここではそれぞれ，斜面に平行，斜面に垂直であることを表す． ○

3.8 気圧

3.5 項の垂直抗力の話では，実は重要な力を無視していた．気圧である．真空中で実験をするのならばともかく，地球上には空気がある．台は物体ばかりでなく空気も支えなければならない．

気体中では分子は飛び回っている，つまり浮いているので，台は空気を支える必要はないと思ってはいけない．空気の分子も重力によって引っ張られているはずなのに落ちてこないのは，自由に動き回っているからである．引っ張られて落ちてくる効果と，動き回って広がろう（上にも登ろう）という効果のバランスから，地球上の空気の分布が決まっている（下から上に向かって次第に空気の密度が小さくなる）．分子は動き回っているので，下に置かれた台（あるいは物体）の表面にも絶えず衝突し，圧力をかけている．これが**気圧**（大気圧）である．逆に台も，その反作用で分子を跳ね返す．

ただし，台が空気に及ぼす力，あるいは台が空気から受ける力の大きさを計算するのに，分子の衝突を考える必要はない．空気全体を一つの「物」として考え，力のつり合いを考えればよい．また逆に，台（あるいは地面）にかかっている気圧を測れば，どれだけの質量の空気を支えているかがわかる．

課題 1 1気圧は 1013.25 hPa（ヘクトパスカル）と定義されている．気圧が 1000 hPa であった場合，地表は 1 m² 当たり，どれだけの質量の空気を支えていることになるか．1 cm² 当たりではどれだけか．

解答 1 hPa = 100 Pa だから問題の気圧は 100,000 Pa．つまり 1 m² 当たり 100,000 N の力が働いている．重力加速度 g を $10\,\mathrm{m/s^2}$ とすれば，これは $m = 10{,}000\,\mathrm{kg}$（一万キログラム！）の質量に相当する．1 cm² 当たりでは，$(1\,\mathrm{cm})^2 = (0.01\,\mathrm{m})^2 = 0.0001\,\mathrm{m}^2$ だから，

$$10{,}000\,\mathrm{kg/m^2} \times 0.0001\,\mathrm{m^2} = 1\,\mathrm{kg}$$

になる．

3.5 項の台に置いた物体の問題に戻ると，物体の上から大気圧がかかっている

3.8 気圧

ので，それとつり合わせるために，その分だけ物体が下から受ける垂直抗力も増えることになる．その反作用である物体が台に及ぼす圧力も，その分だけ増える．ただしこれは，物体が置いてなければ大気圧として台の表面に直接かかっているはずの力と同じであり，物体の存在によって新たに生じた力ではない．

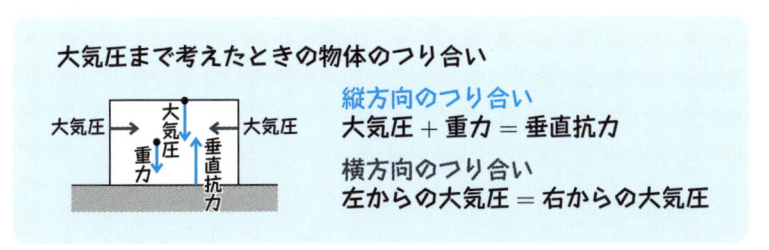

大気圧まで考えたときの物体のつり合い

縦方向のつり合い
大気圧 + 重力 = 垂直抗力

横方向のつり合い
左からの大気圧 = 右からの大気圧

このように気圧も他の力のように考えられるが，重力や垂直抗力と違うのは，あらゆる方向に働いていることである．四方八方に乱雑に動いている空気の分子がぶつかることによる力なので，縦方向ばかりでなく横方向にも働く．上の図のように物体の側面にも働いている．ただ，圧力は左右で等しいので，つり合っていて物体は動かさない．

人間の体の表面にも，四方八方から $1\,\mathrm{cm}^2$ 当たり約 $10\,\mathrm{N}$ の力が働いている．これは質量 $1\,\mathrm{kg}$ の物体の重さである．しかし我々の体はこの圧力を前提として作られているので何も感じない（逆に，気圧のない真空状態になったときのほうが怖い）．

水圧も気圧と同様に四方八方に働く．水面下でのその大きさは，その上にある水と空気すべてを支えるとして計算すればよい．

課題 2 水面から何メートル潜ると，受ける圧力は水面上での圧力（$1{,}000\,\mathrm{hPa}$ とする）の 2 倍になるか．ただし水の質量を $1\,\mathrm{cm}^3$ 当り $1\,\mathrm{g}$ として計算せよ．

解答 面積 $1\,\mathrm{cm}^2$ 当たりで支える質量を考えよう．空気の分は，左ページの課題 1 を参照より $1\,\mathrm{kg}$，つまり $1{,}000\,\mathrm{g}$ であった．これは底面積 $1\,\mathrm{cm}^2$，高さ $1{,}000\,\mathrm{cm}$（$10\,\mathrm{m}$）の水と同じ質量である．つまり $10\,\mathrm{m}$ 潜ると圧力は 2 倍になる．

3.9 抵抗力と過渡現象

これまでは落下運動を重力による等加速度運動として扱ってきた．しかし，たとえば上空から落ちてくる雨粒が等加速度運動をしていたら，地上に達するときにはものすごい速度になっており，人間は雨の中を危なくて歩けないだろう．実際には空気の抵抗力（空気抵抗）のため，雨粒は地表付近ではほぼ等速で落ちてくる．

実際，空気抵抗があると，雨粒の落下速度はある値よりも大きくなれない．空気抵抗は摩擦力と違って，物体の速度が 0 ならば 0，そして速度が大きくなればそれに応じて，いくらでも大きくなる力である．落下しながら速度が十分に大きくなり，重力と空気抵抗がつり合ってしまうと合力はゼロになり加速されなくなる．したがって，つり合う速度以上の速度になることはありえない．

合力がゼロになる速度は雨粒の大きさによっても変わるが，それを v_∞ とする（これまで通り上向きをプラスとすれば $v_\infty < 0$ である）．「∞」という添え字は，少なくとも時間が無限にたてばこの速度になるという意味であり，v_∞ を**終速度**という．

実は，ある時刻にこの速度に達するのではなく，無限の時間をかけて終速度に次第に近づいていく．数学的な話になるが，以下ではその説明をしよう（細かいことに興味がない人でも，右ページのグラフとその説明は読んでほしい）．

空気抵抗は物体の速度 v に依存する．ここでは数学的には一番簡単な，v に比例するという場合を考える．ただし速度と抵抗力は逆向きなので，比例係数はマイナスである．それをギリシャ文字のカッパを使って $-\kappa$ と書くと（$\kappa > 0$），雨粒の運動方程式は微分を使って

$$m\frac{dv}{dt} = \underbrace{(-mg)}_{\text{（重力）}} + \underbrace{(-\kappa v)}_{\text{（空気抵抗）}} \tag{1}$$

となる（落下状態 $v < 0$ では空気抵抗はプラス，つまり上向き）．重力と空気抵抗がつり合う速度が v_∞ だから，

$$-mg - \kappa v_\infty = 0 \quad \text{すなわち} \quad v_\infty = -\frac{mg}{\kappa}$$

速度 $v(t)$ を

$$v(t) = v_\infty + f(t)$$

3.9 抵抗力と過渡現象

と書こう．v は最終的には v_∞ になる関数なので，$f(t)$ は 0 に近づく．

v と f は定数しか違わないので，式 (1) の左辺は $m\frac{df}{dt}$ としてもよい．また

$$\text{式 (1) の右辺} = \kappa v_\infty - \kappa v = -\kappa f$$

なので，式 (1) は結局（後で便利なように少し書き換えて）

$$\frac{df}{dt} = -\left(\frac{1}{\tau}\right)f \quad \left(\text{ただし } \frac{1}{\tau} = \frac{\kappa}{m}\right) \tag{2}$$

となる（τ はギリシャ文字のタウ）．これは，「微分をすると自分自身の $-\frac{1}{\tau}$ 倍になる関数 f を求めよ」という問題であり，答えは指数関数で書ける．実際，指数関数 Ae^t（A は任意の定数）は，微分をしても形が変わらないという特徴があり，

$$\frac{dAe^t}{dt} = Ae^t$$

である．式 (2) のように $-\frac{1}{\tau}$ 倍にするには

$$f(t) = Ae^{-t/\tau}$$

とすればよい．e は 3 程度の数なので（正確には $e = 2.71\cdots$），$\frac{t}{\tau}$ が 1 増えるごとに，つまり時間 t が τ だけ経過するごとに f は約 3 分の 1（e 分の 1）になる．$v(t)$ の振る舞いを下の図にまとめる．

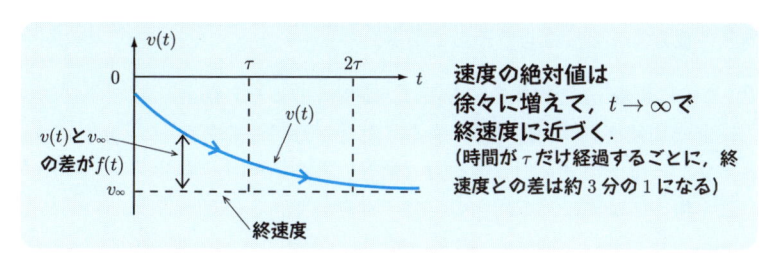

速度の絶対値は徐々に増えて，$t \to \infty$ で終速度に近づく．
（時間が τ だけ経過するごとに，終速度との差は約 3 分の 1 になる）

ここでは速度に比例する抵抗力を扱ったが，速度の 2 乗に比例するというケースもよく出てくる．しかしこの場合でも，最終的に終速度に近づく様子は変わらない．このように，最終的な値が決まっており，それに次第に近づいていく現象を**過渡現象**と呼び，自然界によく見られる．近づき方は一般に指数関数の形（$e^{-t/\tau}$）で表される．

● 復習問題

以下の [ ] の中を埋めよ（解答は 58 ページ）．

□**3.1** 物体の加速度は，周囲からの影響によって決定される．この影響のことを [①] と呼ぶ．加速度と力の比例関係に現れる比例係数が [②] である．加速度，力，質量の間の関係を運動の第 [③] 法則といい，またこの関係式を運動方程式と呼ぶ．

□**3.2** 物体に働いている力の方向は，その物体の速度の方向ではなく，[④] の方向である．投げ上げた物体に働いている力は，物体が上向きに動いているときも [⑤] 向きである．

□**3.3** SI 単位系では力の単位は，加速度の単位 m/s^2 に質量の単位 kg を掛けたものだから [⑥] である．この単位全体を N と記し，[⑦] と読む．

□**3.4** 重力は，それを受ける物体の [⑧] に比例する．その結果，重力によって生じる物体の [⑨] は，すべての物体で共通である．

□**3.5** $m\boldsymbol{a} = \boldsymbol{F}$ という式は，[⑩] $\boldsymbol{a}$ と力のベクトル $\boldsymbol{F}$ との比例関係を表す式である．それぞれのベクトルの各方向（たとえば x 方向）への [⑪] も同じ比例関係を満たし，それがその方向の運動方程式である．

□**3.6** 台の上にのせた質量 m の物体が動かないとすれば，それは台から上向きの [⑫] を受け，それが下向きの重力 mg とつり合うからである．同様に，ヒモにぶら下げた質量 m の物体が動かないとすれば，それは上向きの [⑬] を受け，それが下向きの重力 mg とつり合うからである．

□**3.7** ヒモに質量 m の物体をぶら下げ，手でそのヒモを真上に，一定の加速度 a（> 0）で引っ張る．ただし上向きをプラスとする．ヒモが物体を引っ張る力（張力）を T（> 0）とすると，この物体には他に，下向きの [⑭] が働いているのだから，[⑮] は

$$ma = -mg + T \quad \text{すなわち} \quad T = ma + mg$$

ヒモが物体から受ける力は，[⑯] の法則から $-T$ である．またヒモは手からも力を受けている．それを T' としよう．ヒモも加速度 a で上に動いているが質量はない（無視できる）とすれば

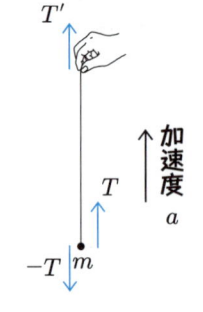

$$0 \cdot a = -T + T' \quad \text{すなわち} \quad T' = T$$

手がヒモによって引っ張られる力は，[⑯] の法則から [⑰] である．

☐ **3.8** 物体を置いた斜面の傾きを大きくしていくと，重力の斜面方向の成分が次第に大きくなる．それが [⑱] よりも大きくなったときに物体は滑り始める．滑り始めてから斜面の角度を少し小さくしても，物体は静止しない．動き始めてからの摩擦力である [⑲] は最大静止摩擦力よりも小さいからである．

☐ **3.9** 体重 $60\,\mathrm{kg}$ を，足の裏の面積 $200\,\mathrm{cm}^2$ で支えている場合，足の裏が感じる圧力は [⑳] Pa，つまり [㉑] hPa である．ただし気圧の分まで考えれば，足の裏にかかっている圧力はそれに約 $1{,}000\,\mathrm{hPa}$ を加えなければならない．

☐ **3.10** 空気抵抗を受けながら落下する物体の速度は，[㉒] と [㉓] のつり合いで決まる速度に次第に近づく．その近づき方は，最終的には [㉔] 関数的な形（$e^{-t/\tau}$）で表される．

● 応用問題

☐ **3.11** 一直線上で前後に運動している物体の動きを xt 図で表すと，下図のようになった．番号を付けたそれぞれの領域での力の方向（プラス方向かマイナス方向か，あるいは力 $= 0$ か）を答えよ．

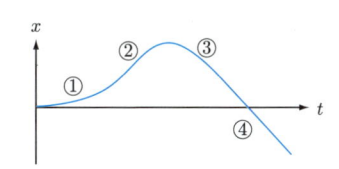

☐ **3.12** 月面上では，物体をそっと放すと 1 秒間に $0.8\,\mathrm{m}$ ほど落下する．加速度を求めよ．物体の質量が $10\,\mathrm{kg}$ であった場合には，重力は何 N か．

☐ **3.13** 台の上に質量 m の物体が置いてある．台が物体に及ぼす垂直抗力の大きさが mg になるのはつり合いから当然だが，内力（の一部）を考えても答えが同じになることを次の手順で確かめる．まず，物体をちょうど中央で上下に分けて考え，上半分を物体 A，下半分を物体 B と呼ぶ（次ページの図を参照）．どちらの質量も $\frac{m}{2}$ だとする．垂直抗力はこの 2 つの物体の接触面にも働いている（内力）．つり合いと作用反作用の法則を考えて，

(a) 物体 B が物体 A に及ぼす垂直抗力 F_1
(b) 物体 A が物体 B に及ぼす垂直抗力 F_2
(c) 台が物体 B に及ぼす垂直抗力 F_3

の順番に求めよ．

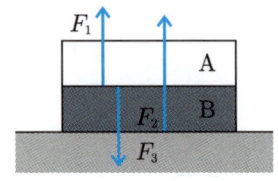

□**3.14** 上記復習問題 3.7 で，ヒモに質量 m' がある場合にどうなるか，考えよ．

□**3.15** （**動摩擦力**）角度が θ の斜面で，質量 m の物体が滑っている．物体と斜面との間の動摩擦力係数を μ' としたとき，加速度を求めよ．

□**3.16** （**浮力**）一辺 10 cm 四方の質量 0.8 kg の物体が水中に置かれている．上面の深さが 1 m であるとする．この物体に働いている力の大きさと方向を求めよ．ただし水の質量を 1 cm^3 当たり 1 g，重力加速度を 10 m/s^2 として計算せよ．

復習問題の解答

① 力，② 質量，③ 2，④ 加速度，⑤ 下，⑥ kg m/s^2，⑦ ニュートン，⑧ 質量，⑨ 加速度，⑩ 加速度ベクトル，⑪ 射影，⑫ 垂直抗力，⑬ 張力，⑭ 重力，⑮ 運動方程式，⑯ 作用・反作用，⑰ $T'\,(=-T)$，⑱ 最大静止摩擦力，⑲ 動摩擦力，⑳ 3×10^4，㉑ 300，㉒ 空気抵抗（抵抗力），㉓ 重力，㉔ 指数

第4章

等速円運動

　円運動は見かけは単純だが，力学の多くの特徴を備えた興味深い運動である．等速であっても加速度はゼロではなく，中心向きの力（向心力）によって実現される．力の大きさ，速度（角速度），および半径の間に密接な関係があり，万有引力の重要な性質を知るのにも使われた．遠心力（慣性力）という概念の由来も説明する．

等速円運動の加速度と力－方向
等速円運動の加速度と力－大きさ
等速円運動の例
ケプラーの第3法則と逆2乗則
地球の重力・惑星の重力
遠心力
円運動の三角関数による表現

4.1 等速円運動の加速度と力——方向

円運動という現象はよく見られる．正確に円を描いているとは言えない場合も多いが，たとえば太陽の周りを地球や惑星が回っている，人工衛星が地球の周りを回っている，遊園地でアームの先に付いた乗り物がモーターで回されている，ハンマー投げでハンマーが振り回されている，円形のバンクで競輪自転車が周回しているなどの現象がある．

これらの運動も $ma = F$ という法則に従っているはずだが，具体的にどのような力が働いているのだろうか．どの方向を向く，どれだけの大きさの力が働いているのだろうか．それを知るためにまず，円運動の加速度 a を求めよう．3.1項で学んだように力のベクトルは加速度ベクトルに比例しているからである．

この章では特に，等速で動いている場合を考える．**等速円運動**という．等速だからと言って加速度がないと考えてはいけない．直線運動ではない，つまり動く方向が変わっているので，速度ベクトルは一定ではなく，加速度がある．

下の図では，円周上の隣接した2点 A，B での速度ベクトルを記した．それぞれ v_A，v_B とする．物体は左回りに動いていると仮定し，どちらもその方向に矢印を描く．また，速さ（速度ベクトルの大きさ）は変わらないので，矢印の長さは同じにする．

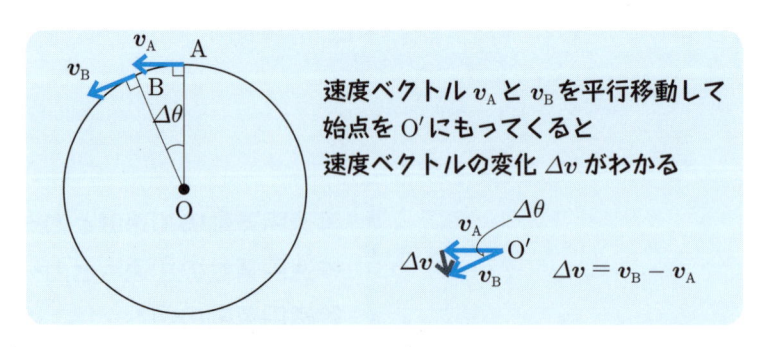

速度ベクトル v_A と v_B を平行移動して
始点を O' にもってくると
速度ベクトルの変化 Δv がわかる

$\Delta v = v_B - v_A$

速度ベクトルの変化を見るには，始点を共通にして描いてみればよい．図の Δv が，AからBに動いた時の速度ベクトルの変化である．この間の経過時間を Δt とすると，$\frac{\Delta v}{\Delta t}$ という比の，Δt をゼロにした極限（BをAに近づけた極

4.1 等速円運動の加速度と力 — 方向

限）が瞬間加速度である．Δv はベクトルだから，加速度もベクトルになる．

このときの Δv の方向を考えてみよう．OA と OB の角度を $\Delta\theta$ とすると，v_A と v_B の角度も $\Delta\theta$ である（どちらも円の接線方向を向いているので，それぞれ OA あるいは OB と直交しているからである）．しかし A と B がほぼ一致していれば $\Delta\theta$ はほぼゼロなので，二等辺三角形の性質から，Δv と v_A（あるいは v_B）の角度はほぼ直角になる．ということは，Δv の方向，つまり加速度の方向は接線に垂直，すなわち円の中心方向だということになる（三角関数を使った数式による証明は 4.7 項を参照）．

加速度が円の中心を向いているので，等速円運動を引き起こす力も円の中心方向を向いている．この力を**向心力**と呼ぶ（遠心力ではないことに注意）．

力が中心を向いていることは，円の A 付近を拡大してみてもわかる．

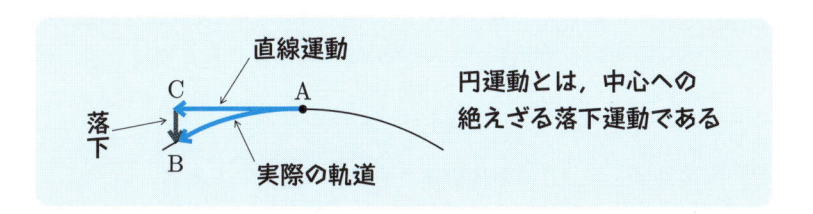

図：直線運動・実際の軌道・落下　「円運動とは，中心への絶えざる落下運動である」

A を通過した物体は，力を受けなければ接線方向にそのまま飛び去っていくだろう．微小時間 Δt が経過したとき，それは B ではなく C に進んでいるということである．つまりこの時間に物体は，慣性で C まで進むと同時に，力によって B に落下したことになる．CB の方向は，B が A に非常に近ければ，円の中心方向に他ならない．これは円周上のどの位置でも言えることである．つまり等速円運動は中心への絶えざる落下運動であり，働いている力は常に中心向きでなければならない．

もし等速ではなく A から B まで動いたときに速さが変わっていれば，それは中心方向だけでなく接線方向にも力が働いていることを意味する．その具体例（振り子）は 6.5 項で説明する．

4.2 等速円運動の加速度と力 ── 大きさ

加速度の方向がわかったので，次に，その大きさを求めよう．

まず，下の円運動の図でのOABと，速度の図のOA′B′が相似であることに注意しよう（ただし$\Delta\theta$は充分に小さいのでABは直線とみなせるとする）．

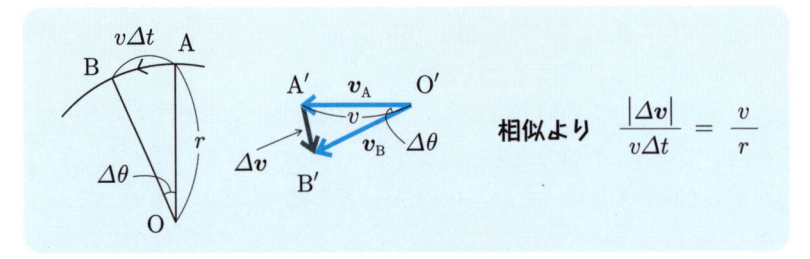

相似より $\dfrac{|\Delta v|}{v\Delta t} = \dfrac{v}{r}$

つまり，すべての対応する辺どうしが比例関係にある．たとえば

$$\frac{\mathrm{A'B'}}{\mathrm{AB}} = \frac{\mathrm{O'A'}}{\mathrm{OA}}$$

ここで，円の半径をr，この物体の速さをv（一定）とすると，

$$\mathrm{A'B'} = |\Delta v|$$
$$\mathrm{AB} = v\Delta t \quad \text{（時間間隔 }\Delta t\text{ における移動距離）}$$
$$\mathrm{O'A'} = v$$
$$\mathrm{OA} = r$$

上の比例関係の式に代入すると

$$\frac{|\Delta v|}{v\Delta t} = \frac{v}{r}$$

加速度は速度の変化率 $\dfrac{\Delta v}{\Delta t}$ なので

$$\boxed{\text{加速度の大きさ} = \frac{v^2}{r}} \tag{1}$$

となる（$\dfrac{v^2}{r}$の単位が加速度の単位になることに注意）．

速度vが大きくなるほど加速度は大きくなり，また半径rが小さくなるほど（曲がり方が急になるので）加速度は大きくなる．

4.2 等速円運動の加速度と力 ―― 大きさ

ラジアン　ここで，ラジアンという角度の単位，および角速度という量を定義しよう．

角度は日常では「度」で表すことが多い．直角が 90 度，1 周が 360 度である．これに対して「ラジアン」という単位は円周率 π を使って，直角は $\frac{\pi}{2}$，半周を π，1 周を 2π とする．

このようにするとさまざまな公式が簡単になる．下の図の弧の長さ l（直線距離ではなく周に沿っての長さ）は，角度 θ に比例する．θ が 2π（1 周）になれば，弧は円周 $2\pi r$ なので

$$\text{弧の長さ：} \quad l = 2\pi r \cdot \frac{\theta}{2\pi} = r\theta$$

言葉で書けば

$$\text{弧の長さ} = \text{半径} \times \text{角度（ラジアン）}$$

となる．

角速度　物体が円周上を等速 v で動いているとき，出発点から測った角度は時間に比例して増加する．単位時間当たりの角度の増加率を角速度（ω と記す）という．

$$\theta = \omega t$$

出発点からの動いた距離は $l = vt$ だが，θ（ラジアン）を使えば $l = r\theta = r \cdot (\omega t)$ だから，比較すれば $v = \omega r$ となる．これを使うと式 (1) は，

$$\text{加速度の大きさ} = \frac{v^2}{r} = \omega^2 r \tag{1'}$$

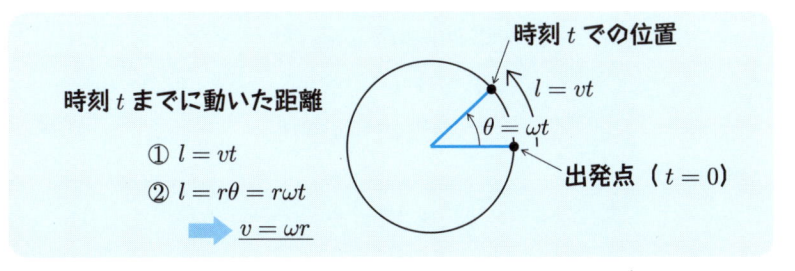

4.3 等速円運動の例

課題1 （円錐振り子）図のように，長さ l のヒモに質量 m の物体がつながれ，半径 r の円を描いて回っている．その速度 v および角速度 ω を求めよ．ただしヒモの質量は無視し，ヒモはたわまないとする．

考え方 速度（あるいは角速度）が増せば，その勢いでヒモはさらに傾き，半径 r は増えるだろう．つまり速度と半径は密接な関係があるはずである．働いている力は，重力と張力である．鉛直方向の力はつり合い，水平方向の力がこの運動の向心力となる．

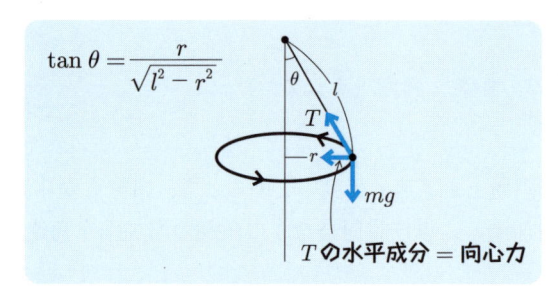

$$\tan\theta = \frac{r}{\sqrt{l^2-r^2}}$$

T の水平成分 $=$ 向心力

解答 ヒモの張力を T としよう．T は重力とのつり合いから決まる．図のようにヒモの傾きを θ とすると（$\sin\theta = \frac{r}{l}$），つり合いより

$$T\cos\theta - mg = 0 \quad (\text{つまり } T = \tfrac{mg}{\cos\theta})$$

また，向心力は $T\sin\theta$ であり，これが円運動の加速度 $\frac{v^2}{r}$ をもたらしているのだから，

$$m\frac{v^2}{r} = T\sin\theta = mg\frac{\sin\theta}{\cos\theta}$$

結局

$$v^2 = rg\frac{\sin\theta}{\cos\theta} = rg\tan\theta$$

また角速度は

$$\omega^2 = \left(\frac{v}{r}\right)^2 = \frac{g\tan\theta}{r} = \frac{g}{\sqrt{l^2-r^2}}$$

となる（図中の $\tan\theta$ の値を使った）．

4.3 等速円運動の例

課題 2 （**人工衛星**）地表ぎりぎりの所を，人工衛星がぐるぐる回っている．1周，どれだけかかるか．ただし地球を半径 6,370 km の球として考え，重力加速度 g は $9.8\,\mathrm{m/s^2}$ として計算せよ（結果を 4.5 項で使うので，g を $10\,\mathrm{m/s^2}$ とはしない）．

ちょうどいい速さで投げると，物体は地球に落下せず，周回軌道に乗る

地球　周回軌道

考え方 円運動であっても鉛直運動であっても，重力による加速度は，下向き（地球中心方向）で，大きさは g である．したがって，$g = \dfrac{v^2}{\text{半径}}$ という関係が成り立つ．

解答 円運動の加速度を，周期で表す公式を導いておこう．円の半径を r とすると円周は $2\pi r$ だから，速さ v で 1 周するのにかかる時間（周期）は

$$\text{周期} = \frac{2\pi r}{v} \quad \Rightarrow \quad v = \frac{2\pi r}{\text{周期}}$$

これを加速度 $= \dfrac{v^2}{r}$ の式に使って v を消去すれば

$$\text{加速度} = \frac{\left(\frac{2\pi r}{\text{周期}}\right)^2}{r} = \left(\frac{2\pi}{\text{周期}}\right)^2 \cdot r \tag{1}$$

加速度が g の場合にこの式を変形すると

$$\text{周期} = 2\pi\sqrt{\frac{r}{g}}$$

$r = 6{,}370{,}000\,\mathrm{m}$，$g = 9.8\,\mathrm{m/s^2}$ を代入すると

$$\text{周期} \fallingdotseq 5.06 \times 10^3\,\mathrm{s} = 1.41\,\text{時間}$$

1 日では地球を 17 回ほど回転する．

人工衛星の軌道が上空にある場合には，r が増え g は減るので周期は長くなるが，その計算は次項参照．

4.4 ケプラーの第3法則と逆2乗則

これまで重力は，地球が地表上の物体を引き付ける力として扱ってきた．しかし実際には，重力は万有引力とも呼ばれるように，すべての物体間に働く力であり，その大きさは物体間の距離の2乗に反比例する（**逆2乗則**）．

万有引力の存在が確立されたのは，ニュートンのプリンキピアという書物（1687年出版）によってだが，太陽が諸惑星に及ぼしている力が距離の2乗に反比例しているらしいことは，ニュートンと同時代の何人かの人々が気付いていた．それは下記の，ケプラーの第3法則が知られていたからである．

ケプラーの第3法則 「惑星の太陽を回る周期の2乗」と「惑星の軌道の長半径の3乗」の比は，すべての惑星で同じである．

注 惑星の軌道は正確には円ではなく，円を一方向に引き延ばした楕円という図形である．したがって半径は，それを図る方向によって異なるが，最長の部分を「長半径」と呼ぶ．

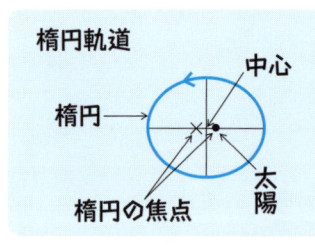

楕円軌道：中心，楕円，楕円の焦点，太陽

惑星の軌道（木星の場合）：やや歪んだ円
$\dfrac{短半径}{長半径} \simeq 0.999$

太陽の位置：中心から半径の 5% ほどずれる

> **課題1** 木星の場合，太陽の周りを1周するのに約11.86年かかり（周期は地球の11.86倍だということ），その軌道の長半径は，地球の場合の約5.20倍である．ケプラーの第3法則が成り立っていることを確かめよ．
> **考え方** $(11.86)^2 \div (5.20)^3$ を計算すればよい（ぜひ，自分で計算してください）．

惑星の軌道が円ではなく楕円であることは，ニュートンが万有引力の法則を主張する上で重要な役割を果たしたのだが，ケプラーの第3法則に限っていえば，軌道が円であると近似して考えても，その意味を理解することができる．

4.4 ケプラーの第3法則と逆2乗則

> **課題2** 惑星は太陽から受ける力を向心力として等速円運動をしているとする．そのときケプラーの第3法則が，惑星がどの位置にあっても成り立つとすれば，太陽による力は距離の2乗に反比例していることを示せ．
>
> **考え方** 太陽から距離 r の位置にある質量 m の惑星が受ける力 F は，4.3項式(1)より，$F = m \cdot \left(\dfrac{2\pi}{\text{周期}}\right)^2 \cdot r$ であることを使う．
>
> **解答** 第3法則を式で書けば，$\dfrac{\text{周期}^2}{r^3} = k$（惑星によらない定数）ということである．この式を使って上の力 F の式から「周期」を消去すれば
>
> $$F = m \frac{(2\pi)^2}{k} \frac{1}{r^3} \cdot r$$
>
> これより，F が r の2乗に反比例することがわかる．

上の F の式は，惑星が太陽から受ける力だが，作用反作用の法則により，太陽は同じ大きさの力を惑星から受ける．つまり太陽と惑星は対等の関係にあるはずである．したがって，F が惑星の質量 m に比例するとすれば，太陽の質量（大文字を使って M と記す）にも比例するだろう．つまり，上の式で $\dfrac{(2\pi)^2}{k}$ の部分は M に比例するはずであり，その比例係数を G と記せば（つまり $\dfrac{(2\pi)^2}{k} = GM$ とする），有名な**万有引力の法則**となる．

$$\text{万有引力の法則：} \quad F = G\frac{Mm}{r^2} \tag{1}$$

G は**重力定数**あるいは**ニュートン定数**と呼ばれているが，太陽の質量 M がわからないから，その値は k からは決まらない．G を測定するには，質量のわかっている2つの物体の間の重力を測定しなければならない．それが初めてなされたのは，プリンキピア出版から約100年後のことであった（ヘンリー・キャベンディッシュ）．現在の測定値は

$$\text{重力定数：} \quad G \fallingdotseq 6.67 \times 10^{-11}\,\text{m}^3\,\text{kg}^{-1}\,\text{s}^{-2} \tag{2}$$

> **課題3** 質量 1 kg と 200 kg の鉛球が 40 cm 離れて（中心間の距離）置かれている．その間に働く重力を，上の G の値を使って求めよ．
>
> **考え方** 球形の物体の場合，距離 r としては中心間の距離を使う（次項参照）．
>
> **解答** $(6.67 \times 10^{-11}) \times 1 \times 200 \div (0.4)^2 = 8.3 \times 10^{-8}$(N)（キャベンディッシュはねじり秤という装置を使ってこの微小な力を測定した．）

4.5 地球の重力・惑星の重力

前項の課題 3 でも指摘したことだが，万有引力の法則を使うときに注意すべきことがある．一般に物体には大きさがある．r が物体間の距離ならば，それはどの部分の間の距離なのだろうか．

原理的なことを言えば，物体の（大きさが無視できるほどの）各微小部分どうしがすべて，互いに力を及ぼし合っており，それを表す公式が 4.4 項の式 (1) である．しかし物体が球対称である場合には，物体のすべての質量がその中心に集中していると考えればよく，たとえば球対称な 2 物体間の場合，上式の r はその中心間の距離であると考えてよい（同じような定理が電気力の場合も成立するので，証明は第 3 巻を参照していただきたい）．

> **課題 1** 上記の説明を使って，地表上の重力加速度 g を，地球の質量（M とする）と地球の半径（R とする）を使って表せ．
>
> **考え方** 地球の全質量 M が地球の中心にあるとして万有引力の法則を使う．
>
> 地表上の物体には，地球のあらゆる部分からの万有引力が働くが，その合力は，地球の全質量が地球の中心に集中しているとした場合と等しい．
>
> **解答** 地表上にある質量 m に働く地球の重力は，万有引力の法則より
> $$F = G\frac{Mm}{R^2}$$
> また重力加速度を使えば $F = mg$ なので，2 式を比較して
> $$g = \frac{GM}{R^2}$$
> （G の値を使えば，この式から地球の質量 M がわかる）．

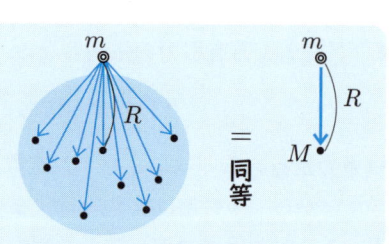

前項では惑星に関するケプラーの第 3 法則から，太陽による重力が距離の 2 乗に反比例することを導いたが，地球による重力も含め，その他の重力についても同じことが言えないだろうか．

4.5 地球の重力・惑星の重力

ニュートンは他の例として，木星と土星をあげた．その当時，望遠鏡が発明されてからまだ間もない頃であったが，すでに木星に衛星が4つ発見されていた．それらは木星の周りをほぼ円軌道を描いており，やはりケプラーの第3法則類似の法則，つまり

$$\frac{周期^2}{半径^3} = 定数$$

という規則が成り立っていた．このことからも，前項の課題2と同じ議論により，木星がその衛星に及ぼしている重力が距離の2乗に反比例することが示唆される．ただし上記の式の「定数」とは，4つの衛星で値が共通ということであり，惑星の場合の値とは違う．惑星の場合のこの定数（前項の k）は太陽の質量に比例する量だったが，ここでは木星の質量に比例する量である．

その当時，土星でも衛星が5つ発見されていたが，そこでも同様の法則が成り立ち，土星が及ぼす力は逆2乗則を満たすことが示唆された．

他の惑星ではどうだろうか．水星，金星には衛星はない．しかし地球には月がある．月1つだけでは，$\frac{周期^2}{半径^3}$ という比が一定であるか，といった議論はできないが，我々は地表上での物体の落下の加速度 g を知っている．それを使えば，地表ぎりぎりで人工衛星を飛ばしたときの周期がわかる（4.3項の課題2）．これとの比較でケプラーの第3法則を論じることができる．

> **課題2** 地球と月の中心間の距離を 3.83×10^5 km，月の周期を 27.3 日とする．これと4.3項の課題2（人工衛星）の答えを使って，地球に関するケプラーの第3法則を確かめよ．
>
> **解答** 月の場合
> $$\frac{周期^2}{半径^3} = \frac{(27.3\,日)^2}{(3.83 \times 10^5\,\text{km})^3} = 1.33 \times 10^{-14}\,日^2/\text{km}^3$$
> 一方，地表上の人工衛星の場合，周期 1.41 時間は 0.059 日なので
> $$\frac{周期^2}{半径^3} = \frac{(0.059\,日)^2}{(6,370\,\text{km})^3} = 1.35 \times 10^{-14}\,日^2/\text{km}^3$$
> となり，ほぼ一致する（完全には一致しないのは，月の軌道は完全な円軌道ではないことなど，幾つかの理由による）．

このような議論を通じて，太陽による重力，惑星による重力，地球による重力すべて，同一の法則で表されることが明らかになっていったのである．

4.6 遠心力

　円運動を引き起こすのは向心力である．向心とは中心方向に向くという意味である．一方，遠心力という言葉もよく使われる．遠心とは中心から遠ざかるという逆の意味だが，遠ざかる方向には力は働いていない．では遠心力とは何なのだろうか．

　我々は実際に，遠心力が働いているかのような感覚（錯覚）をもつことがある．たとえば自動車が急カーブを描いたとき，乗っている人は（車から見て）外向きに押し出される．それは遠心力が働いたからではないのだろうか．

　実際に起きていることは，図を描いてみればわかる．

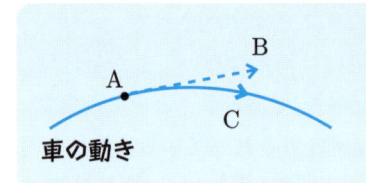

車はCに向かうが，車内の人間は
B方向にまっすぐ進もうとする．
➡ Cから見ると
　外向きの動きになる．

車の動き

　車が曲がるとき，その中の人間は（たとえば位置Aでは），何も力が働かなければ，AからBへとまっすぐ動こうとする（慣性の法則）．しかし車はAからCへ向かうので，そのままでは人間は車の外側に飛び出してしまう．つまり外向きの力は働いていないが，「内向きに動く車との比較で」外側にずれようとするのである．これが**遠心力**と呼ばれる効果であり，現実の力ではない．

　この効果を，実際に数式で表す方法がある．等速円運動する車内の人間の運動方程式 $m\bm{a} = \bm{F}$ を考えよう．$\bm{a}$ は円運動の中心向きの加速度，$\bm{F}$ はそれをもたらす向心力である．車内の人間の場合，$\bm{F}$ は（車から飛び出さないように）体の一部が車から受ける力である．

　この式を

$$0 = \bm{F} + (-m\bm{a})$$

と書き換える．そして左辺が 0 だというのは，「車を基準とすれば」人間が加速されていないことだとみなす．人間は車と一緒に動いているのだから，車を基準とすれば人間は加速されていない（動いてさえもいない）．そして加速され

ないのは，右辺で，F と $-ma$ という2つの力がつり合っているからだと考える．F は体が受ける現実の力である．そして $-ma$ は，加速している車という，慣性の法則にしたがっていない物を基準としたために生じた，仮想上の力である．これは，まっすぐ動こうとする物体の慣性の効果を表しているので，**慣性力**と名付けられる．この考え方は円運動に限定する必要はないが，特に円運動の場合には**遠心力**とも呼ぶ．

車内の人間は（車から力 F を受けなければ）「慣性の結果として外に飛び出してしまう」と表現するか，「慣性力 $-ma$ を受けるから外に飛び出してしまう」と表現するか，それは何を基準として考えるかの違いだけであってどちらでも構わないが，慣性力あるいは遠心力という言葉はよく使われるので，知識としては知っておく必要がある．

慣性力という考え方は，円運動に限らず加速度があるときは常に可能である．

課題 車内にいる人間は，車が急ブレーキをかけると前につんのめる．そのことを，(a) 慣性の法則を使って，および，(b) 慣性力を使って，説明せよ．

解答 (a) 人間は，それまでの速度でそのまま進もうとするので，減速する車よりも前に出るように動く．したがって前につんのめる．

(b) 車が減速するときは，その加速度 a は進行方向反対向きである．したがって，車を基準としたときに生じる慣性力 $-ma$ は進行方向向きであり，したがって人間は前につんのめる．

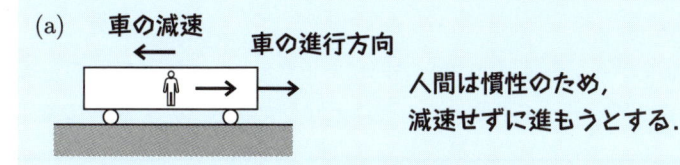

(a) 車の減速 ← 車の進行方向 →
人間は慣性のため，減速せずに進もうとする．

(b) 車基準で考えると $-ma$ の慣性力が働く
人間は車に対して，前向きの慣性力を受ける．

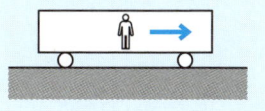

4.7 円運動の三角関数による表現

円運動は平面上の運動である．この平面上に xy 座標系を決め，x 方向，y 方向に射影した運動を調べてみよう．この項ではまず，これまで図形を使って考察した知識を使って運動を数式で記述し，その後で，三角関数の微分を使った計算をして，それらの正しさを確認する．

> **課題 1** 座標の原点を中心とする半径 r の円上を等速で動く物体の，各時刻 t での位置座標を求めよ．ただし $t=0$ で x 軸上から出発し，角速度 ω（一定）で動くものとする．
> **解答** x 軸から測った角度を θ とする（下の図）．角度は単位時間に ω ずつ増えていくのだから，時刻 t では $\theta = \omega t$ である．したがって t での各座標は
> $$x(t) = r\cos\theta = r\cos\omega t, \qquad y(t) = r\sin\theta = r\sin\omega t \tag{1}$$

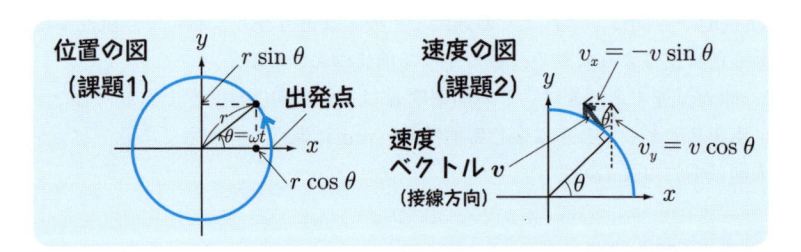

位置の図（課題1）／速度の図（課題2）

上の図では θ が 0 から $\frac{\pi}{2}$（90 度）の間にあるとしたが，三角関数の定義より（付録 B），θ は何であってもよい．1 周以上回った状態（$\theta > 2\pi$）でもよい．

> **課題 2** 上の例で，各時刻での速度ベクトルの各方向の成分 v_x, v_y を求めよ．
> **解答** 速度ベクトルの大きさは $v = \omega r$（4.2 項）．また，その方向は接線方向（半径に垂直）なので，符号も考えて（上右図）
> $$v_x(t) = -v\sin\theta = -\omega r\sin\omega t, \qquad v_y(t) = v\cos\theta = \omega r\cos\omega t \tag{2}$$

4.7 円運動の三角関数による表現

課題 3 上の例で，各時刻での加速度ベクトルの各方向の成分 a_x, a_y を求めよ．

解答 加速度ベクトルが，大きさは $\omega^2 r$，向きは中心方向であることはすでに示してある（4.2項）．したがって

$$a_x(t) = -a\cos\theta = -\omega^2 r \cos\omega t$$
$$a_y(t) = -a\sin\theta = -\omega^2 r \sin\omega t \quad (3)$$

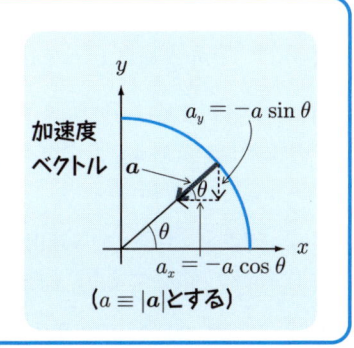

以上の問題では $t=0$ では $\theta = 0$ であるとしたが，$t=0$ で $\theta = \theta_0$ （定数）というようにずれている場合は，たとえば

$$x(t) = r\cos(\omega t + \theta_0)$$

というように，すべて θ_0 だけずらせばよい．またいずれの場合でも位置ベクトル $\boldsymbol{r} = (x, y)$ と加速度ベクトル $\boldsymbol{a}$ は逆向きで

$$\boldsymbol{a} = -\omega^2 \boldsymbol{r}$$

という関係にある．

課題 4 （**微分による計算**）式 (1) の $x(t)$ を微分することにより，$v_x(t)$ および $a_x(t)$ を求めよ．

考え方 以下の三角関数の微分公式を使えばよい（付録 B も参照）．

$$\tfrac{d}{dt}\sin\omega t = \omega\cos\omega t, \quad \tfrac{d}{dt}\cos\omega t = -\omega\sin\omega t$$

解答 上の微分公式を使って

$$\tfrac{dx}{dt} = v_x, \quad \tfrac{dv_x}{dt} = a_x$$

を計算すれば式 (2) および (3) の結果に一致する．y 成分についても同様．

微分公式より $\boldsymbol{v}$ や $\boldsymbol{a}$ が得られるが，我々はすでに $\boldsymbol{v}$ や $\boldsymbol{a}$ を知っているので，逆にそれらの知識から，三角関数の微分公式を求めることもできる．物理の問題から，純粋に数学の知識が得られるということを意味し，興味深い．

第4章 等速円運動

● 復習問題

以下の [ ] の中を埋めよ（解答は 76 ページ）．

□**4.1** 等速円運動は，[①] への絶えざる落下運動である．加速度ベクトルは常に円の中心を向いている．したがって力も常に円の中心を向いていなければならず，一般に [②] と呼ばれる．

□**4.2** 速さ v，半径 r の等速円運動の加速度の大きさは $\frac{v^2}{r}$ である．$\frac{v^2}{r}$ の単位は SI 単位系では [③] であり，加速度の単位になっている．

□**4.3** 60度，90度，270度，360度，720度という角度をラジアンで表すと，それぞれ [④] である．

□**4.4** 角度をラジアンで表したとき，角速度 $\omega = \pi\,\mathrm{s}^{-1}$ で円運動している物体は，1周するのに 2 秒かかる．また 7 秒後には [⑤] 周を終え，さらに出発点から [⑥] 度，回った位置にある．

□**4.5** 角度をラジアンで表すと，扇形の半径 r，中心角 θ および円弧の長さ l との間には [⑦] $= r \cdot$ [⑧] という関係がある．したがって，等速円運動の速さ v と角速度 ω の間の関係は，[⑨] $= r \cdot$ [⑩] となる．

□**4.6** 等速円運動の加速度を角速度 ω と半径 r で表すと [⑪] である．

□**4.7** 4.3 項の，地表上を回る人工衛星の速度は時速約 [⑫] km である．つまりこの速度で物体を [⑬] 方向に投げれば，落下と地表の曲がりとが完全に一致して，その物体は地表に落ちないということである．

□**4.8** 等速円運動の場合，力（加速度），半径，周期の間に一定の関係がある（4.3 項の式 (1)）．したがって，半径と周期の関係がわかれば，半径と [⑭] との関係もわかる．この原理により，ケプラーの [⑮] 法則から万有引力の逆 2 乗則が導かれた．

□**4.9** 加速度をもつ基準でみたとき，物体の運動方程式 $ma = F$ は，このままの形では成り立たない．基準の加速度とは [⑯] 方向を向く仮想上の力が，この物体に働いていると考えなければならない．この基準から見ると，実際の力を受けていなくても逆向きに加速されたかのように見えるからである．この仮想上の力を一般に [⑰] といい，基準が円運動している場合には特に [⑱] という．

□**4.10** 物体の各時刻 t での位置座標が，r, ω をある定数として，$(x,y) = (r\cos\omega t, r\sin\omega t)$ と表されたとする．三角関数の公式 [⑲] を使うと $x^2+y^2 = r^2$ なので，この物体は半径 [⑳] の円運動をしていることがわかる．また位置座標を微分して速度を求めると，$(v_x, v_y) = (-\omega r \sin\omega t, [㉑])$ となり，$v_x^2+v_y^2 = \omega^2 r^2$ なので，この物体の速さは [㉒] であることもわかる．加速度も同様にして求めると，その大きさは [㉓] となる．

応用問題

□**4.11** 長さが l の円錐振り子（4.3 項の課題 1）が摩擦のない台の上に乗っており，ヒモがたわまないで円運動をしているとする．ヒモの傾きを θ とする．台からの垂直抗力が変化しうるので角速度 ω は決まらないが，あまり速すぎると物体は台から浮いてしまう．そのときの角速度を求めよ（垂直抗力が 0 になるときが浮き始めるときである）．

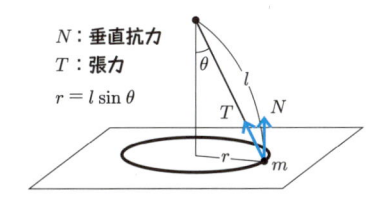

N：垂直抗力
T：張力
$r = l\sin\theta$

□**4.12** 赤道上で地球の自転と一緒に円運動する人工衛星の，地球中心からの距離は，地球の半径の約何倍か．地球の半径を 6,400 km として求めよ．

□**4.13** 太陽と地球との距離は約 1.5×10^8 km，地球が太陽を一周するのに 365 日かかる．また，地球と月との距離は約 3.8×10^5 km であり，月が地球を 1 周するのには約 27 日かかる．これらのデータから，太陽と地球の質量の比率を推定せよ．

□**4.14** 月は地球を中心として等速円運動をしているとする．地球と月の中心間の距離を 3.83×10^8 m，月の周期を 27.3 日とすると，月の円運動の加速度はどれだけか．それは，地表上の物体が受ける加速度 g（$9.8\,\mathrm{m/s^2}$ とする）の何倍か．またその大きさは，地球の半径を 6,370 km としたとき，万有引力の逆 2 乗則を満たしていることを確認せよ（この確認のため，この問題では多少，精度の高い数値を採用する）．

第4章 等速円運動

☐**4.15** 地表に立っている人は地面から垂直抗力を受ける．しかし空中に浮き，重力を受けて落下（自由落下）している部屋の中に立っている人は床から何も力を受けない（無重量状態）．その理由を，(a) 地球基準，および，(b) 自由落下する部屋基準で説明せよ．

☐**4.16** 2つのベクトル $\boldsymbol{a} = (a_x, a_y)$, $\boldsymbol{b} = (b_x, b_y)$ に対して，$a_x b_x + a_y b_y$ という量をこの2つのベクトルの**内積**と呼び，$\boldsymbol{a} \cdot \boldsymbol{b}$ と書く．ベクトル $\boldsymbol{a}$ の長さを $|\boldsymbol{a}|$ などと書くと，内積 $\boldsymbol{a} \cdot \boldsymbol{b}$ は $|\boldsymbol{a}||\boldsymbol{b}|\cos\theta$ に等しい（θ は2つのベクトルのなす角度）．したがって $\boldsymbol{a}$ と $\boldsymbol{b}$ が直交していれば内積はゼロになる（$\cos\frac{\pi}{2} = 0$ なので）．このことを使って，円運動の位置ベクトルと速度ベクトルが直交していることを示せ．また速度ベクトルと加速度ベクトルも直交していることも示せ．

復習問題の解答

① 円の中心, ② 向心力, ③ m/s², ④ $\frac{\pi}{3}, \frac{\pi}{2}, \frac{3\pi}{2}, 2\pi, 4\pi$, ⑤ 3, ⑥ 180, ⑦ l, ⑧ θ, ⑨ v, ⑩ ω, ⑪ $r\omega^2$, ⑫ 28,000 ($\fallingdotseq \frac{2\pi r}{1.41}$ 時間), ⑬ 水平, ⑭ 力, ⑮ 第3, ⑯ 反対, ⑰ 慣性力, ⑱ 遠心力, ⑲ $\cos^2\theta + \sin^2\theta = 1$, ⑳ r, ㉑ $\omega r \cos\omega t$, ㉒ ωr, ㉓ $\omega^2 r$

第5章

エネルギーと運動量

　エネルギーとは日常でもよく使う用語だが，物理では，仕事（＝力×移動距離）によって増減する量として定義される．また運動量は，力積（＝力×時間）によって増減する量である．これらは物体の状態について重要な情報を含んでおり，運動の細かい途中経過にわずらわされず必要な情報を得るために使うことができる．

力を積み重ねる1－運動量

力を積み重ねる2
　　　－運動エネルギー

力を積み重ねる3
　　　－全力学的エネルギー

エネルギー保存則

運動量保存則

仕事の原理

保存力と非保存力

応用

衝突

万有引力の位置エネルギー

5.1 力を積み重ねる1 ― 運動量

　第1章では，各時間ごとの速度を積み重ねて，移動した全距離を求めるという計算をした．速度 × 微小時間が，その時間内の変位に等しい

$$\Delta x = v \Delta t$$

という式が出発点であった．この式は，速度の式 $\frac{dx}{dt} = v$ を，微小量の比率の関係 $\frac{\Delta x}{\Delta t} = v$ とみなしたものでもある．微小時間 Δt ごとの変位 Δx を貯めていくと（積み重ねていくと），全時間での変位が得られる．

　ここでは，「各時間ごとの力を積み重ねる」ことを考える．これは，運動方程式 $m\frac{dv}{dt} = F$ を

$$m\Delta v = F\Delta t$$

と変形した式から出発する．

> 運動量： $p = mv$

という量を定義すれば，m は変化しないので $\Delta p = m\Delta v$ であり，上の式は

$$\Delta p = F\Delta t \tag{1}$$

とも書ける．

　運動量は力学では重要な量である．運動が 2 次元あるいは 3 次元的であり，v がベクトルのときは，p もベクトルになる（**運動量ベクトル**という）．運動量とは文字通り，「運動の量」という意味である．同じ速度でも，物体の質量が大きいほうが運動の量が大きいとみなし，質量を掛けた量を考えたのである．

　力に経過時間を掛けたものを**力積**と呼ぶ．上式の $F\Delta t$ は，微小時間 Δt での力積である．これらの用語を使えば，運動方程式を書き換えた式 (1) は，

　　「物体の運動量の変化は，その物体に与えられた力積に等しい」

という意味になる．

　物体が，各時刻 t で $F(t)$ の力を受けているとしよう．その力積を，時刻 t_1 から t_2 まで足し合わせる．これは右のグラフの面積であり，積分を使って書けば

$$\text{時刻 } t_1 \text{ から } t_2 \text{ までの力積} = \int_{t_1}^{t_2} F(t)dt \tag{2}$$

5.1 力を積み重ねる1—運動量

この力積が，時刻 t_1 から t_2 までの運動量の変化 $p(t_2) - p(t_1)$ に等しい．この間の力 F が一定であったとすれば，あるいは一定でない場合でも，平均が F であったとすれば，長方形の面積の公式より 力積 $= F(t_2 - t_1)$ なので

$$p(t_2) - p(t_1) = F(t_2 - t_1)$$

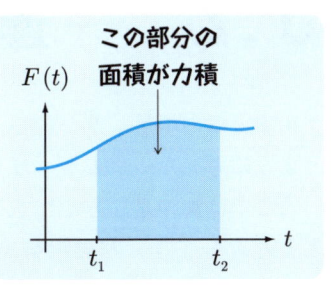

である．この式は，たとえば次のように利用できる．

課題 板の上に1秒間に1ℓの水が，5m上から落下している．板が水から受けている力はどれだけか．ただし板に落ちた水はすぐに横に流れて，板の上にはたまっていないものとする．また水の質量密度は $1\,\mathrm{g/cm^3}$ とする．

考え方 5m落下した水がもつ運動量が板の上でゼロになる．その変化は板が与える力積に等しいが，作用反作用の法則により，板が受ける力積にも等しい．

解答 $x = \frac{1}{2}gt^2$ より，5m落下する時間 t は

$$5\,\mathrm{m} = \frac{1}{2}gt^2$$

$g = 10\,\mathrm{m/s^2}$ とすれば $t = 1\,\mathrm{s}$ である．そのときの速度は $v = gt$ より $10\,\mathrm{m/s}$．1ℓ ($= 1{,}000\,\mathrm{cm^3}$) の水の質量は1kgなので，それが落下したときにもっている運動量（$=$ 質量 $\times$ 速度）は $10\,\mathrm{kg\,m/s}$ となる．1秒にこれだけの運動量が，板の上でゼロになっているのだから

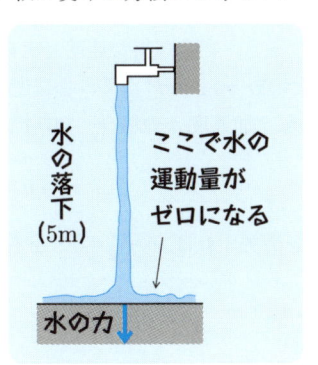

板上での1秒当たりの水の運動量の変化 $= 10\,\mathrm{kg\,m/s}$

これが，板が受ける力の1sでの力積（$F \times 1\,\mathrm{s}$）に等しいので

$$F = 10\,\mathrm{kg\,m/s} \div 1\,\mathrm{s} = 10\,\mathrm{kg\,m/s^2} = 10\,\mathrm{N}$$

もし板の上に水が乗っていれば，その分の重力が加わる．

5.2 力を積み重ねる 2 ── 運動エネルギー

前項では力の足し方として，どれだけの時間，その力がかかっていたかというように考えた．つまり「力 × 時間」（力積）という量を足し合わせた．

ここでは別の足し方として，どれだけの距離，力がかかっていたかということを考える．「力 × 移動距離（変位）」という量を足し合わせるのだが，この量を**仕事**と呼ぶ．ただし最初は，力の方向と移動方向は同じだとする．

いくら力を加えても物体が動かなければ仕事はゼロである（力積はゼロではない）．また同じ力でも移動距離が長ければ仕事は大きくなる．

力積の分だけ変化するのが運動量だったが，仕事の分だけ変化する量をエネルギーと呼ぶ．具体例で考えてみよう．

> **課題 1** 最初は静止していた質量 m の物体を，一定の力 F で距離 x だけ，まっすぐ押した．他の力（重力も含む）はかかっていないとする．そのときの仕事 $F \cdot x$ と，物体が得た速度 v との関係を求めよ．
>
> **考え方** $ma = F$ より，加速度 $a = \frac{F}{m}$ の等加速度運動である．
>
> **解答** 加速度 a の場合，初期位置を $x = 0$ とすると時刻 t では（初速度もゼロ）
>
> $$v = at, \qquad x = \tfrac{1}{2}at^2$$
>
> t を消去すれば $x = \tfrac{1}{2}\dfrac{v^2}{a}$ となるから，$a = \frac{F}{m}$ を代入して
>
> $$Fx = \tfrac{1}{2}mv^2$$

この $\frac{1}{2}mv^2$ という量を，この物体の**運動エネルギー**と呼ぶ．仕事を与えることにより，物体は，それに等しい運動エネルギーをもつということである．

上の問題では初速度を 0 とした．最初から運動エネルギーがゼロではない場合にも同様の関係式が得られる．具体的には，位置 x_1 で速度 v_1 であった物体に力 F が与えられ，位置 x_2 まで進んだときに速度 v_2 になったとすれば，

$$\underbrace{\tfrac{1}{2}mv_2^2 - \tfrac{1}{2}mv_1^2}_{\text{（運動エネルギーの変化）}} = \underbrace{F(x_2 - x_1)}_{\text{（仕事（＝力×変位））}} \qquad (1)$$

つまり運動エネルギーは仕事の分だけ増える．証明は章末問題 5.12 を参照．

5.2 力を積み重ねる2—運動エネルギー

注意 力がマイナス方向（x が減る方向）のときは $F < 0$ とする．x が増えていて（物体がプラスの方向に動いていて）$F < 0$ ならば仕事はマイナスになる．動きにブレーキをかけたことになるので運動エネルギーは減る． ○

課題2 質量 2 kg の物体が速度 10 m/s で動いている．(a) 運動エネルギーを求めよ．(b) 20 N の力で逆向きに押して減速させたとき，何メートル押せばこの物体は停止するか．

解答 (a) 運動エネルギーは公式に代入して

$$\tfrac{1}{2} \times 2\,\text{kg} \times (10\,\text{m/s})^2 = 100\,\text{kg}\,\text{m}^2/\text{s}^2 = 100\,\text{Nm}$$

(b) 距離 x だけ押したときに停止するとすれば，その仕事によって運動エネルギーがなくなるのだから，

$$x \times 20\,\text{N} = 100\,\text{Nm}$$

したがって $x = 5\,\text{m}$.

エネルギーの単位は，SI 単位系では上に記したように $\text{kg}\,\text{m}^2/\text{s}^2$．これをまとめて J と書きジュールと読む．エネルギーは仕事（＝力×距離）と同じ単位のはずである．実際，力の単位は N（ニュートン）＝ $\text{kg}\,\text{m}/\text{s}^2$ なので，これに m を掛ければ J となる．

最後に，力 F が物体の動きとともに変化し得るような一般的な場合を考えておこう．横軸を物体の位置 x，縦軸を F としたグラフの，ある区間の面積が，物体がその区間を動いたときになされた仕事である．積分記号を使えば

$$\text{仕事} = \int_{x_1}^{x_2} F\,dx \tag{2}$$

この定義を式 (1) の右辺に使えば，式 (1) は力が一定ではない場合にも成り立つ．

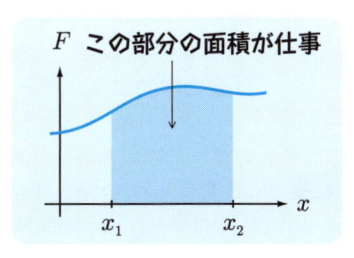

5.3 力を積み重ねる3 ──全力学的エネルギー

前項の課題をもう一歩複雑にして,重力がからんでいる場合を考える.

> **課題1** 質量 m の物体が重力 $(-mg)$ と,やはり鉛直方向の別の力 F_0(一定)を受けているとする(F_0 は重力以外ならば何でもいいが,たとえば物体を手で押す力だと考えればよい).静止状態から出発し,鉛直方向に x だけ動いたとき,F_0 のした仕事 $F_0 \cdot x$ と運動エネルギーとの関係を求めよ.ただし上方向をプラスとする.
>
> **解答** 合力は $F_0 - mg$ になったのだから,前項の課題1の F を $F_0 - mg$ に置き換えた式が成り立ち,
> $$\tfrac{1}{2}mv^2 = (F_0 - mg)x$$
> あるいは
> $$\tfrac{1}{2}mv^2 + mgx = F_0 \cdot x$$

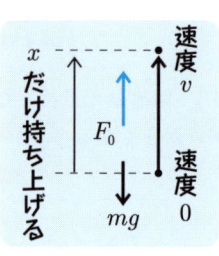

より一般的な関係式を示しておこう.位置 x_1 で速度 v_1 であった物体に,重力の他に鉛直方向の力 F_0 が与えられ,位置 x_2 まで上がった(あるいは落下した)とき速度 v_2 になったとすれば,以下の式が成り立つ.

$$\left(\tfrac{1}{2}mv_2^2 + mgx_2\right) - \left(\tfrac{1}{2}mv_1^2 + mgx_1\right) = F_0 \text{による仕事} \quad (1)$$

この式で $\tfrac{1}{2}mv^2$ の部分は運動エネルギーと呼ぶと前項で説明したが,第2項の mgx は**位置エネルギー**と呼ばれる.x は上向きがプラスなので上にいくほど大きくなる量である.そしてその合計を**全力学的エネルギー**という.

> 全力学的エネルギー: $E =$ 運動エネルギー $+$ 位置エネルギー
> $\qquad\qquad\qquad = \tfrac{1}{2}mv^2 + mgx$ $\quad(2)$

この言葉を使うと式 (1) の意味は,

「**全力学的エネルギー E は,なされた仕事の分だけ変わる**」

ということになる(増えるか減るかは仕事の符号による).

注 位置エネルギー mgx はどこを基準点 ($x=0$) にするかによって変わる.しかし式 (1) では差 $x_2 - x_1$ が問題になるので,基準点の選び方は問題にならない. ○

5.3 力を積み重ねる3 ― 全力学的エネルギー

エネルギーとは，何かをする能力を表す量だと考えればよい．たとえば速度が大きければ，何かにぶつかって相手に影響を与えることができる．また速度が0でも高い位置にあれば（xが大きい），落下することによって速度を得ることができる．つまり高い位置にあるということだけで潜在的な能力をもつことになる．そして物体に（プラスの）仕事をすることによって，その物体のもつ能力（エネルギー）を増やすことができるというのが，上記の式の意味である．ただし仕事はプラスとは限らない．物体が力の方向と逆に動けばマイナスである．次の問題を考えてみよう．

> **課題2** 課題1ではF_0もxもプラス（上方向）の図を描いたが，どちらもマイナスになり得る．(a) $F_0 > mg$, (b) $mg > F_0 > 0$, (c) $F_0 = 0$, (d) $F_0 < 0$ それぞれの場合について，どのような現象が起きているかを説明せよ．
>
> **考え方** 最初は静止状態（$v = 0$）なので，運動エネルギーは0からプラスになる，つまりどの場合でも増えるが，位置エネルギーは，物体がどちらに動くかによって増えたり減ったりし，仕事も符号が変わる．
>
> **解答** (a) F_0のほうが重力よりも大きいので物体は上昇し$x > 0$である．つまり仕事=$F_0 \cdot x$はプラスであり，運動エネルギーも位置エネルギーも増える．
> (b) 重力のほうが大きいので物体は落下し$x < 0$である．仕事$F_0 \cdot x$はマイナスである．運動エネルギーは増えるがあまり増えず（合力が小さいので），位置エネルギーは減り，全力学的エネルギーEは減る．
> (c) 落下するが，$F_0 = 0$なので仕事=0．運動エネルギーは増え，その分，位置エネルギーは減る．全力学的エネルギーEは不変である．
> (d) 落下するが（$x < 0$），力も下向き（$F_0 < 0$）なので，仕事$F_0 \cdot x$はプラス．位置エネルギーは減るが運動エネルギーは大きく増え（合力が大きいので），全力学的エネルギーEは増える．
>
> | (a) 上昇 | (b) ゆっくり落下 | (c) 自然な落下 | (d) 速く落下 |
> |---|---|---|---|
> | $F_0 > 0$　出発点 ($v=0$) | $F_0 > 0$ | $F_0 = 0$ | $F_0 < 0$ |
> | 仕事 > 0 | 仕事 < 0 | 仕事 = 0 | 仕事 > 0 |
> | （全力学的エネルギー）E：増加 | E：減少 | E：不変 | E：増加 |

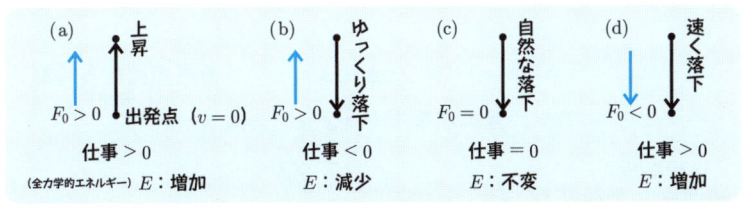

5.4 エネルギー保存則

「全力学的エネルギー（E）の変化 = 仕事」という関係で，仕事がない場合を考えてみよう．重力以外には，物体を動かす力 F_0 は働いていないというケースである．仕事 = 0 ということは E は変化しないということだから，

$$E = \tfrac{1}{2}mv^2 + mgx = 一定 \tag{1}$$

である．エネルギーが保存される（増減しない，つまり不変という意味）ということで，この法則を**全力学的エネルギー保存則**，あるいは単に**エネルギー保存則**と呼ぶ．

重力だけによる落下（自然落下）は等加速度運動だから，v や x の式はすでにわかっている．したがって式 (1) は直接，確かめられるはずである．

> **課題1** 等加速度運動の公式を使って式 (1) を確かめよ．
> **解答** 速度は $v(t) = v_0 - gt$ だから
>
> 運動エネルギー： $\tfrac{1}{2}mv^2 = \tfrac{1}{2}m(v_0 - gt)^2 = \tfrac{1}{2}m(v_0^2 - 2gtv_0 + g^2t^2)$
>
> 位置エネルギー： $mgx = mg(x_0 + v_0 t - \tfrac{1}{2}gt^2)$
>
> これを足すのだが，よく見ると時刻 t に依存する項はすべて打ち消し合う．結果は
>
> $$全力学的エネルギー = \tfrac{1}{2}mv_0^2 + mgx_0 = 定数$$
>
> この結果は，最初（$t = 0$）の E の値に他ならない．

全力学的エネルギーは一定だが，それぞれは変化する．それはグラフにするとわかりやすい．

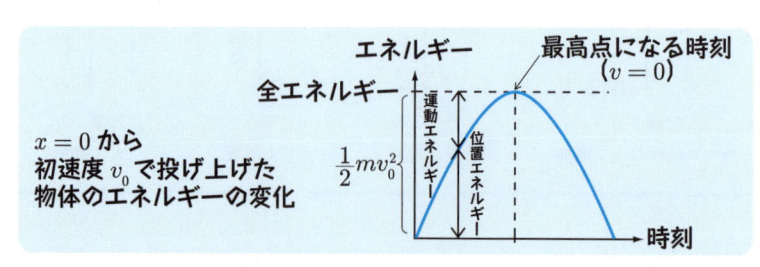

$x = 0$ から初速度 v_0 で投げ上げた物体のエネルギーの変化

5.4 エネルギー保存則

等加速度運動の式を使わなくても，エネルギー保存則だけから簡単にわかることがある．

> **課題2** 物体を初速 v_0 で $x=0$ から投げ上げる．最高点の x を求めよ．
>
> **考え方** 2.4項の課題2で計算したように，等加速度運動の公式を使えば，最高点の x が $\frac{1}{2}\frac{v_0^2}{g}$ となることがわかる．しかしここではそうせずに，エネルギー保存則だけから答えを求めよう．
>
> **解答** 投げ上げた位置は $x=0$ なので位置エネルギーはゼロであり，全力学的エネルギーは $\frac{1}{2}mv_0^2$．この値は最高点でも変わりないが最高点では $v=0$ なので
>
> $$\text{全力学的エネルギー}\left(=\tfrac{1}{2}mv_0^2\right) = 0 + mgx$$
>
> これより上記の x と同じ値を得る．

注意 ある時刻で位置が x_1，速度が v_1，また別の時刻でそれぞれが x_2, v_2 だったとすれば，エネルギー保存則は

$$\tfrac{1}{2}mv_2^2 + mgx_2 = \tfrac{1}{2}mv_1^2 + mgx_1$$

となる．これを書き換えると

$$\tfrac{1}{2}mv_2^2 - \tfrac{1}{2}mv_1^2 = -mg(x_2 - x_1)$$

この式は，
 (a) 位置エネルギーが変化した分だけ運動エネルギーが変化した
ともみなせるが，右辺は重力 × 変位 $(=(-mg)\times(x_2-x_1))$ とも読めるので，
 (b) 重力による仕事の分だけ運動エネルギーが変化した
という意味の式だともみなせる．どちらも正しいが，(a) は，物体と，(それと万有引力を及ぼしあう) 地球を合わせてひとまとまりのものとみなし，その全エネルギーを考えるという立場であり，一方 (b) は，物体だけに注目し，それに外から地球の重力が作用したと見ている．

では (a) の立場では，地球の運動エネルギーは考えなくていいのだろうか．地球も物体からの反作用を受けて動き出すのではないだろうか．実際そうなのだが，地球が得る速度はあまりにも小さいので，地球が得る運動エネルギーは無視できるのである (章末問題 5.13)．地球の質量は物体と比べて非常に大きいが，物体の力によって生じる地球の速度の 2 乗は，それを上回るほど小さい． ○

5.5 運動量保存則

運動量についても前項と同じように考えるとどうなるだろうか．運動量の場合，出発点は

$$\text{運動量の変化}\,(\Delta p) = \text{力積}\,(F\Delta t) \qquad (1)$$

であった．そしてもし力 F が 0 ならば，運動量が一定，$(p = mv = 一定)$ となる．これは単に，力を加えなければ速度は一定ということで慣性の法則に他ならず，特に新しい話ではない．

しかし物体が多数ある場合に同じことを考えると重要な情報が得られる．幾つかの物体があり，互いに力を及ぼし合っているとしよう．i 番目の物体の質量を m_i，その速度を v_i，それに働いている力を F_i とする．それぞれの物体について式 (1) が成り立つ．それらをすべて足し合わせると

$$\text{全運動量（運動量の和）の変化} = \text{力積の和} \qquad (2)$$

となるが，右辺を具体的に書くと

$$\text{力積の和} = (F_1 + F_2 + \cdots)\Delta t$$

ここで，力はこれらの物体間の力（内力）だけで，外部からの力（外力）は働いていないとしよう．内力は作用・反作用の結果として，合計するとゼロになってしまう．したがって式 (2) の右辺がゼロになり，

「外部から力（外力）が働いていなければ，全運動量は保存する（不変である）」

という法則が導かれる．これを**運動量保存則**という．

この法則はたとえば次のように利用できる．

> **課題** それぞれ $v\,(>0)$，$V\,(<0)$ という速度をもつ，質量 m と質量 M の物体が正面衝突し，その後，それぞれ速度 v'，V' で離れていった．それぞれの物体の速度の変化の比を求めよ（右ページの図を参照）．
>
> **解答** 全運動量が衝突前後で不変だということから
>
> $$\underset{\text{(衝突前の全運動量)}}{mv + MV} = \underset{\text{(衝突後の全運動量)}}{mv' + MV'}$$

5.5 運動量保存則

これを変形すれば
$$m(v - v') = -M(V - V')$$

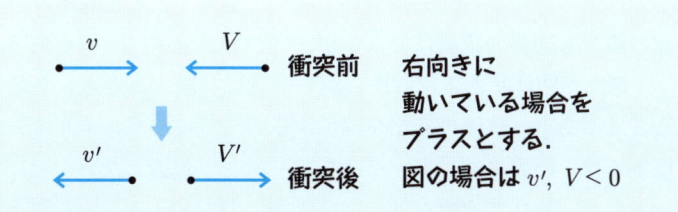

衝突前　右向きに動いている場合をプラスとする．
衝突後　図の場合は $v', V < 0$

注　衝突後の速度 v' と V' の両方を決めるにはもう1つ関係式が必要だが，それは衝突の仕方によって変わる．詳しくは 5.9 項参照．

全運動量という量の意味を考えよう．ここで考えている各物体には大きさはないとし，各時刻での位置ベクトルを $r_i(t)$ と書く（ここでは以下，ベクトルで考える）．大きさのない（しかし質量はある）物体のことを力学では**質点**という．また，質点を多数含む集団を**質点系**という．大きさのある物体も，それを細かく分割した微小部分の集団だと考えれば，一種の質点系である．

重心（あるいは**質量中心**）という量を定義しよう．それは各質点の位置を，質量の比で重みを付けて平均した位置である．重心の位置を R とすれば

$$R = \frac{m_1}{M} r_1 + \frac{m_2}{M} r_2 + \cdots$$

であり（M は全質点の質量の合計），重心の速度を V とすれば

$$V = \frac{m_1}{M} v_1 + \frac{m_2}{M} v_2 + \cdots$$

ここで全運動量（P と書く）が

$$P = m_1 v_1 + m_2 v_2 + \cdots$$

であることを考えれば，

$$P = MV$$

である．そして運動量保存則は，（外力が働いていなければ）重心の速度 V が不変，つまり重心は等速直線運動をするということに他ならない．これはまさに質点系に対する慣性の法則である．

5.6 仕事の原理

これまでは主に直線上の運動について考えてきた．2次元的あるいは3次元的な運動の場合も同様の議論はできるが，幾つか注意すべき点がある．

1つの問題は，物体がある位置から別の位置に移動するとき，さまざまな経路があることである．位置の変化が関係するので特に位置エネルギーが問題になる．以下では，位置エネルギーだけを取り出して議論したいので，よく使うテクニックだが，物体に速度を与えないように力を加えることを考える．重力の位置エネルギーの例では，重力とつり合うだけの何らかの力を加える．完全につり合っていれば静止していた物体は動かないが，ごくわずかだけ余分な力を加えて，ごくわずかな（ほとんどゼロの）速度で物体を動かす．ゼロでない距離を動かすには，ほとんど無限の時間がかかることになるが，仕事の計算にはかかった時間は関係しないので，問題は起こらない．生じる速度はいくらでも小さくできるので，その極限として，運動エネルギーは最初から最後までゼロであると考えてよい．

このようなテクニックを使って，まず，これまでと同じ鉛直方向の移動による仕事の計算から始めよう．

> **課題1** 静止している質量 m の物体に，重力とほとんど同じ大きさ mg の上向きの力 F_0 を加える．高さ x だけ持ち上げたときの仕事と，位置エネルギー（mgx）の変化が等しいことを確かめよ．
>
> **解答** 位置エネルギーはその定義より mgx だけ増える．また，加えた力 F_0 と重力はほとんどつり合っているので，$F_0 = +mg$ である．したがって F_0 による仕事は，力 × 距離 $= mgx$ となり，位置エネルギーの変化に等しい．
>
> $F_0 = mg$
> 重力 $= -mg$
> ・物体
> ほとんど 0 の速さで上に持ち上げる．

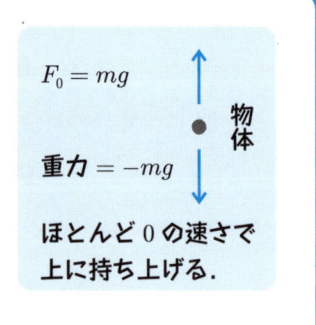

この結果を次の例と比較しよう．

5.6 仕事の原理

課題2 静止している質量 m の物体を，まず横向きに動かし，その後斜めに持ち上げて，最初の位置より高さ x だけ上の位置まで動かす．ただし速度をほとんど生じないように動かすものとし，また摩擦はまったくないものとする．そのとき，動かすためにかけた力 F_0 がする仕事と位置エネルギーの変化は等しいか．

解答 横向きに動かすときは，摩擦がないので力はいらない．つまり仕事はゼロである．斜めに動かしているときにかかっている力は，重力，斜面からの垂直抗力，そして斜面を持ち上げるのに必要な力 F_0 である．

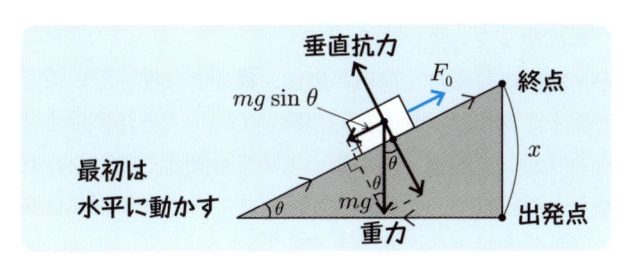

ほとんど速度は生じさせないということなので，3つの力はつり合っていなければならない．重力の，斜面に垂直な成分は垂直抗力とつり合い，斜面に平行な成分が，力 F_0 とつりあう．したがって図より $F_0 = mg\sin\theta$．また，

$$\sin\theta = \frac{x}{斜面の長さ}$$

だから，斜面の長さ $= \frac{x}{\sin\theta}$．これより，F_0 がする仕事は

$$仕事 = F_0 \times 斜面の長さ$$
$$= mg\sin\theta \times \frac{x}{\sin\theta} = mgx$$

となる．結果は斜面の角度 θ には依存せず，物体が x だけ上がったことによる位置エネルギーの変化に等しい．

ここでは2つのケースを比較しただけだが，一般にどのような経路を通って持ち上げても，重力にさからってなされた仕事は，位置エネルギーの変化に等しい．これを**仕事の原理**という．

しかし仕事の原理がこのままの形では成り立たない場合もある．上の問題で，もし動かしている間に摩擦力が働いたら，エネルギーと仕事との関係はどうなるだろうか．そのようなときの考え方について，次項で議論することにする．

5.7 保存力と非保存力

仕事の原理が成り立つため，斜めに動かしたときも，重力による位置エネルギーは

$$(運動エネルギー＋位置エネルギー) の変化 = 仕事 \qquad (1)$$

という関係を満たす．式 (1) が一般的に成立することを示すには，他にも幾つか注意しなければならない点がある．

垂直に働く力・斜めに働く力　前項の例で，横向きに動いているときも斜面を登っているときも，物体には垂直抗力が働いている．それによる仕事は考えなくていいのだろうか．一般に，力が働いていても物体が動かなければ仕事はゼロである．それとの類推で，垂直抗力が働いている方向に物体は動いていないので，それによる仕事はゼロであると考えればいい．

一般にどんな力であっても，物体の移動方向と同じ方向の成分だけを仕事の計算に使う．つまり

$$仕事 = 力の移動方向の成分 \times 変位 \qquad (2)$$

移動方向の成分とは移動方向への射影の大きさである．移動方向と力の角度を θ とすれば，力に $\cos\theta$ を掛けた量である（下の図を参照）．この式によれば，力が移動距離と垂直だったら仕事はゼロであり（$\cos\frac{\pi}{2} = 0$），力が移動距離と逆向きだったら仕事はマイナスになる．

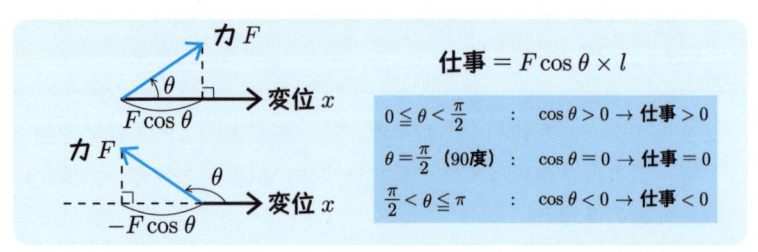

$$仕事 = F\cos\theta \times l$$

$0 \leqq \theta < \frac{\pi}{2}$	:	$\cos\theta > 0 \to$ **仕事** > 0
$\theta = \frac{\pi}{2}$ （90度）	:	$\cos\theta = 0 \to$ **仕事** $= 0$
$\frac{\pi}{2} < \theta \leqq \pi$	:	$\cos\theta < 0 \to$ **仕事** < 0

摩擦力　前項の例では，摩擦力はないとした．摩擦力があると，物体を押す力を増やさなければならない．横に動かしているときも力が必要である．具体的には，摩擦力（動いているのだから動摩擦力）まで考えて力のつり合いを考え

5.7 保存力と非保存力

なければならない．しかし押す力と動摩擦力の合力を F_0 と表すとすれば，前項の計算はそのまま成り立つ．つまり，動摩擦力の効果も右辺の仕事に含めれば，上の式 (1) は成立する．ただし摩擦力は物体が進む方向と逆向きに働くので仕事はマイナスになることに注意．

摩擦力の位置エネルギー？　以上の議論では，重力の効果を式 (1) の左辺の位置エネルギーとして取り入れ，押す力や摩擦力の効果は右辺の仕事として考えている．しかし 5.4 項の最後で説明したように，重力の効果を右辺の仕事とみなすこともできる．では逆に，仕事として取り入れた摩擦力の効果を，左辺の位置エネルギーとして取り入れることはできるだろうか．つまり摩擦力による位置エネルギーというものは考えられるのだろうか．

これはありえない．エネルギーというのは，各状態で物体がもつ何らかの能力である．つまり状態ごとに決まっている量である．ある時点での物体の速度と位置が決まれば，その時点での物体のエネルギーは決まる．その状態にどのように到達したかに依存してはならない（これが仕事の原理である）．

しかし摩擦力の場合，それによる仕事は経路に依存する．垂直に持ち上げるときは（周囲と接触しなければ）摩擦は働かないが，斜めに滑らしながら持ち上げるときには一般に斜面から摩擦力を受け，それによるマイナスの仕事が生じる．しかも，経路を長くすればするほど摩擦力が働いている距離が増えるので，摩擦による仕事の大きさは増える．したがって，それを，経路に依存しないエネルギーという量に置き換えることはできない．

保存力と非保存力　このように，対応するエネルギーがありえる力とありえない力がある．ありえる力を**保存力**という．力学的エネルギー保存則にかかわる力という意味である．保存力としては，ここまでは地表上の重力だけを扱ってきたが，後で扱う万有引力や弾性力（バネの力），あるいは第 3 巻で扱う電気力も保存力である．一方，対応する位置エネルギーがありえない力を**非保存力**という．摩擦力が典型的な非保存力だが，空気中や水中で働く抵抗力も非保存力である．

ただし摩擦力や抵抗力の起源は原子・分子の振る舞いであり（第 3 章），原子分子のレベルでは，これらの力も（量子力学を使って）保存力として扱われることを指摘しておこう．

5.8 応用

> **課題 1** 質量 m の物体に初速度 v_0 を与えて，角度 θ の斜面を滑らせ登らせる．摩擦があり動摩擦係数を μ' とすると，この物体はどれだけの高さを登るか．鉛直運動の場合の上昇距離とどれだけ変わるか．
>
> **解答** 利用できる基本的な関係式は
>
> 最高点での全力学的エネルギー − 最初の全力学的エネルギー
> $=$ 摩擦力がした仕事 (< 0)
>
> である．それぞれを求めていこう．出発点を位置エネルギーの基準点とする．
>
> 高さ h まで上がったとすれば，最高点では $v = 0$ だから
>
> $$\text{最高点での全力学的エネルギー} = mgh$$
>
> また，出発点では位置エネルギーはゼロだから（そこを基準点とした）
>
> $$\text{最初の全力学的エネルギー} = \tfrac{1}{2}mv_0^2$$
>
> また，動いた距離は $\frac{h}{\sin\theta}$ であり，垂直抗力は $mg\cos\theta$ なので
>
> 摩擦力がした仕事 $=$ 摩擦力 $\times$ 動いた距離
> $$= -\mu' mg\cos\theta \times \frac{h}{\sin\theta} = -\frac{\mu' mgh}{\tan\theta}$$
>
> 摩擦力は動く方向と逆向きに働くので，仕事はマイナスである．これらより
>
> $$mgh - \tfrac{1}{2}mv_0^2 = -\frac{\mu' mgh}{\tan\theta}$$
>
> これを解くと（m は消える）
>
> $$h = \tfrac{1}{2}\frac{v_0^2}{g}\frac{1}{1 + \frac{\mu'}{\tan\theta}}$$
>
> $\mu' = 0$ のときが鉛直運動と同じであり（仕事の原理），μ' があると，$(1 + \frac{\mu'}{\tan\theta})$ 分の 1 になる．

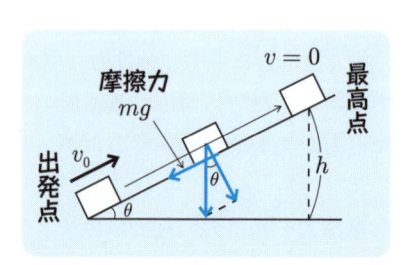

注 この問題は等加速度運動としても解ける．

5.8 応用

鉛直に立った半径 r の円の内側を物体が回れるようになっている(たとえばジェットコースターを想像していただきたい). この物体は円の内側を摩擦を受けずに動けるようになっているが, 落ちないように支えられてはいない. 円の上半分を動いているときは, 十分な勢いがあれば円から離れずに動き続けられるが, 勢いが減ると落下してしまう. 落下しないための条件を考えよう.

課題2 (a) 最下点での速度を v_0 としたとき, そこから角度 θ の位置での速度 v を表すエネルギー保存則を書け.
(b) 物体が円から受ける垂直抗力 N を求める式を, 向心力を表す式から導け.
(c) 途中でこの物体が円軌道から離れて落下しないための, v_0 に対する条件を導け. 具体的に $r = 5\,\mathrm{m}$ としたとき, v_0 の最低時速はどれだけになるか.

考え方 等速円運動ではないが, 加速度の中心方向の成分は $\frac{v^2}{r}$ である.

解答 (a) この物体には重力と, 円からの垂直抗力がかかっているが, 垂直抗力は仕事をしないので, 重力の効果を含めたエネルギー保存則が成り立つ. 角度 θ のときの高さは $r(1-\cos\theta)$ なので,

$$\tfrac{1}{2}mv^2 + mgr(1-\cos\theta) = \tfrac{1}{2}mv_0^2 + 0$$
$$\Rightarrow \quad mv^2 = mv_0^2 - 2mgr(1-\cos\theta)$$

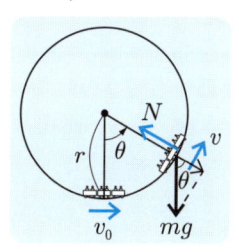

(b) 速度 v のとき向心力は $\frac{mv^2}{r}$ に等しくなければならない. それは, 垂直抗力 N と, 重力の中心方向の成分の和なので, 中心方向をプラスとすれば,

$$\frac{mv^2}{r} = N - mg\cos\theta$$

したがって, (a) を使って v を消去すれば

$$N = \frac{mv_0^2}{r} + mg(3\cos\theta - 2)$$

(c) 途中で垂直抗力 N がマイナスになるとすれば, この物体は円から引き付けられていることになる. しかしこの問題ではそれはありえないので, この物体は途中で落下してしまう. 最高点 $\theta = \pi$ (つまり $\cos\theta = -1$) でも N が 0 以上になる条件は, $v_0^2 \geqq 5gr$. $g = 10\,\mathrm{m/s^2}$ とすれば

$$v_0 \geqq 5\sqrt{10}\,\mathrm{m/s} \fallingdotseq 57\,\mathrm{km/時}$$

5.9 衝突

> **課題 1** 速度 v で動いている質量 m の物体が，静止している質量 M の物体に衝突し，2 つの物体は合体し，一体となって動いていった．そのときの速度 v' を求めよ．運動エネルギーは衝突前後でどう変わっているか．
>
> **解答** 運動量保存則は
> $$mv + 0 = mv' + Mv'$$
> したがって $v' = \frac{mv}{m+M}$. 運動エネルギーは
>
> 衝突前： $\frac{1}{2}mv^2$,　　衝突後： $\frac{1}{2}(m+M)v'^2 = \frac{1}{2}\frac{m^2}{m+M}v^2$
>
> $\frac{m}{m+M} < 1$ だからエネルギーは減っている．

運動量は不変なのになぜエネルギーは減ってしまうのだろうか．数式上のことを言えば，2 つの物体が互いに及ぼし合う力の力積（= 力 × 時間）は作用反作用の法則の結果として打ち消し合って全運動量は不変だが，力を及ぼし合っているときのそれぞれの物体の変位は違うので，仕事（= 力 × 変位）は打ち消し合わないからである．

　もっとわかりやすい説明は，熱の発生を考えることである．物体は熱エネルギー（正式には内部エネルギー）というものをもっており，エネルギーは，熱エネルギーを加えたうえで保存している（熱力学第 1 法則 … 第 4 巻）．つまり熱エネルギーが増えると，その分だけ力学的エネルギーは減る．では，熱が発生しない場合にはどのような衝突をするだろうか．

> **課題 2** 速度 v で動いている質量 m の物体が，静止している質量 M の物体に正面衝突し，その後，それぞれ速度 v', V' で離れていった．全運動エネルギーが衝突前後で不変であると仮定して，v', V' を求めよ．
>
> **解答** これは 5.5 項の課題で $V = 0$ のケースである．つまり運動量保存則より，
> $$m(v - v') = MV' \qquad (1)$$

一方,運動エネルギーが不変ならば

$$\tfrac{1}{2}mv^2 + 0 = \tfrac{1}{2}mv'^2 + \tfrac{1}{2}MV'^2$$

これを整理すると,$m(v^2-v'^2) = MV'^2$,すなわち $m(v-v')(v+v') = MV'^2$. この式に式(1)を代入すると $MV'(v+v') = MV'^2$. すなわち

$$v + v' = V' \tag{2}$$

これと式(1)より v' と V' が計算できる.特に $m=M$ の場合は $v'=0$, $V'=v$. つまりぶつかった方は止まり,ぶつけられた方が同じ速度で動きだす.

以上の2例,つまり運動エネルギーが保存する場合と,合体して熱が発生する場合は,衝突の両極端のケースである.その中間にさまざまな衝突がありうる.合体はしないが,はね返る程度は小さいというケースである.

ここで「はね返る程度」を表す量を定義しておこう.衝突前,2物体がそれぞれ速度 v と V で動いているとする.速度 v の物体から見た他方の速度は $V-v$ である.これを(衝突前の)相対速度という.

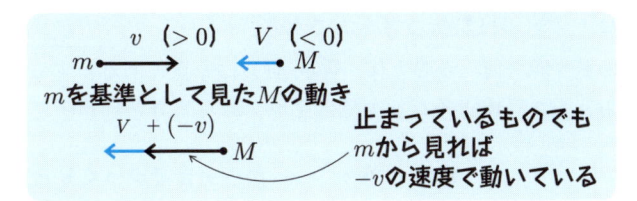

同じように衝突後の相対速度は $V'-v'$ である.そして

$$\text{はね返り係数(反発係数)} = -\frac{\text{衝突後の相対速度}}{\text{衝突前の相対速度}} = \frac{V'-v'}{V-v}$$

という量を定義する.最初の合体する例では,これは0である($v'=V'$ なので).一方,課題2では,式(2)と $V=0$ より,この係数は1である.これが一番よくはね返るケースであり**弾性衝突**という.この係数が0と1の間の幾つであるかによって衝突の様子が決まる.1以外の場合は**非弾性衝突**で,必ず熱の発生を伴う.特に0の場合(合体する場合)を**完全非弾性衝突**という.

5.10 万有引力の位置エネルギー

これまでは地表上の重力 mg による位置エネルギーのみを考えてきた．摩擦力などに対しては位置エネルギーは存在しないが，他にも位置エネルギーが定義できる力は多数ある．その1つがバネの力（弾性力）だが，それは次章で議論しよう．この章では最後に，万有引力の位置エネルギーを考える．距離の2乗に反比例する力の位置エネルギーである．

位置エネルギーを求めるときの基本は

最後の位置でのエネルギー − 最初の位置でのエネルギー ＝ 仕事

という関係である．ある力の位置エネルギーを求めるときは，その力にさからって（無限にゆっくりと）動かすときに必要な力 F_0 による仕事を計算すればよい（5.6項）．

最初の位置を位置エネルギーの基準点（位置エネルギーがゼロになる点）としよう．万有引力の場合には，それは無限の彼方（無限遠）とするのが習慣である．無限に離れれば万有引力は働かないので，そこでの万有引力によるエネルギーをゼロとするのは自然な考え方である．

万有引力の発生源（何らかの天体，質量 M）は原点にあるとする．質量 m の物体を，無限遠から，原点から r の位置まで，ゆっくりと動かすことを考える．

> 物体 m を $r' = \infty$ から r までゆっくりと運ぶ
>
> M ← m F_0
> $r=0$ r r'
>
> 外向きの力 F_0 をかけて，物体 (m) が加速されないようにする．
> 力と変位の方向が逆なので仕事 < 0.

途中の位置 r' まできたとき，(万有引力は内向きだから) 必要な力 F_0 は外向きで，その大きさは

$$F_0 = G\frac{Mm}{r'^2}$$

である．r' を微小距離 $\Delta r'$ だけ減らしたときの仕事は

5.10 万有引力の位置エネルギー

$$F_0 \cdot \Delta r'$$

であり,これを $r' = \infty$ から $r' = r$ まで足し合わせればよい.これは前にも説明したが(5.2 項),F_0 のグラフの,r から ∞ までの面積にマイナスを掛けたものに等しい.マイナスなのは,∞ から r までというように,r' が大きいほうから小さいほうに物体が移動しているので,$\Delta r' < 0$ とすべきだからである(F_0 は外向きだからプラス).

この面積は,積分公式(付録 A の (A7))を使えばすぐに得られる.

$$\text{仕事} = -\int_r^\infty F_0 dr' = -G\frac{Mm}{r} \quad (1)$$

これが r での**万有引力の位置エネルギー**になる.この式を使えば,5.4 項の場合と同様にして,地表から宇宙に向けて投げ上げた物体がどこまで到達するかなどがわかる(章末問題 5.18).

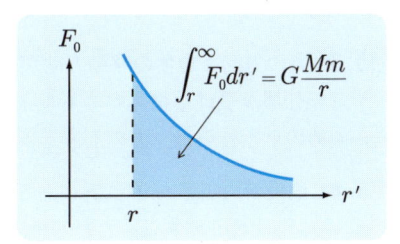

$$\int_r^\infty F_0 dr' = G\frac{Mm}{r}$$

課題 万有引力の位置エネルギー式 (1) より,地表付近の物体(質量 m)の,重力による位置エネルギーが mgx になることを示せ.ただし x は地表からの高さとし,地表上($x=0$)をエネルギーの基準点とする.

考え方 地球の半径を R,質量を M とすると $g = \frac{GM}{R^2}$ であった(4.5 項).

解答 地表上と,それから x だけ上に上がったときの万有引力の位置エネルギーの差を求めればよい.また,万有引力の式での r とは,地球の中心から物体までの距離である(4.5 項).$r = R + x$ と書けるので

$$\text{地表付近の重力のエネルギー} = \left(-G\frac{Mm}{R+x}\right) - \left(-G\frac{Mm}{R}\right)$$
$$= -G\frac{Mm}{(R+x)R}\{R-(R+x)\} = G\frac{Mm}{(R+x)R}x$$

R は x よりも圧倒的に大きいことを考えれば,$R+x \fallingdotseq R$ なので

$$\text{上式} \fallingdotseq G\frac{Mm}{R^2}x = mgx$$

第5章 エネルギーと運動量

● 復習問題

以下の [ ] の中を埋めよ（解答は 100 ページ）．

□**5.1** 質量に [①] を掛けたものを運動量という．運動量の変化率は [②] に等しい．したがって，ある時間内の運動量の変化は，その時間内の力の平均に時間を掛けたものに等しい．力と時間を掛けたものを [③] という．

□**5.2** 力に，物体の移動距離を掛けたものを仕事という．受けた仕事の分だけ増減する量を [④] と呼ぶ．たとえば，質量 m，速度 v の物体の運動エネルギーは [⑤] である．

□**5.3** 力の方向と物体の移動方向が [⑥] のときは，仕事はマイナスである．マイナスの仕事を受けた物体のエネルギーは [⑦]．力の方向に対して物体の移動方向が斜めのとき仕事は，力の [⑧] に，移動距離を掛けたものである．

□**5.4** 地表から高さ x の位置にある，質量 m の物体がもつ，重力による位置エネルギーは，[⑨] である．ただし地表（$x = 0$）での位置エネルギーを [⑩] とした場合であり，それを別の値としたときは，その分を足さなければならない．

□**5.5** 運動エネルギーと位置エネルギーを足したものを [⑪] エネルギーと呼ぶ．[⑪] エネルギーは，外力が働いていなければ一定である．これを [⑫] 保存則という．

□**5.6** $g = 10\,\mathrm{m/s^2}$ とすると，質量 1 kg の物体に働く重力は [⑬] N であり，その物体を 50 cm 持ち上げるのに必要な仕事は [⑭] J である．したがって，この物体を 50 cm 落下させたときに生じる運動エネルギーは [⑮] J であり，したがってそのときの速度は [⑯] m/s になる．

□**5.7** 外力が働いていなければ，物体の集団の運動量の合計は一定である．これを [⑰] 保存則という．この場合，重心（質量中心）は [⑱] 運動をする．

□**5.8** 力には位置エネルギーが定義できるものとできないものがある．定義できる力を [⑲] という．摩擦力や抵抗力は [⑳] である．

□**5.9** 2つの物体が衝突するとき [㉑] は必ず保存する．しかし力学的エネルギーは保存するときも，減少するときもある．減少するときは [㉒] が発生している．力学的エネルギーが保存している場合を [㉓] 衝突といい，最も大きくはねかえる．

□ **5.10** 万有引力による位置エネルギーは，万有引力の発生源からの [㉔] で決まる．[㉕] で最大になるので，そこを基準点とすれば（つまりそこでの値をゼロとすれば），有限の距離では [㉖] である．

応用問題

□ **5.11** 時速 $100\,\mathrm{km}$ で飛んできた質量 $100\,\mathrm{g}$ のボールを，時速 $200\,\mathrm{km}$ で打ち返す．バットとボールの接触時間を 100 分の 1 秒としたとき，その間にボールがバットから受ける力の平均を求めよ．

□ **5.12** 5.2 項の課題 1 の解答を参考に，その下の式 (1)（運動エネルギーの変化と仕事との関係）を証明せよ．

□ **5.13** 質量 m の物体が地球と力 mg で引っ張り合っている（作用反作用の法則）．その力によって互いに相手に向けて近づき始めたときのそれぞれの加速度を求めよ．また，近づき始めてから時間が t だけ経過したときの，それぞれが得る速さ，運動量の大きさ，および運動エネルギーの比率を求めよ．ただし地球の質量を M として計算する．M が m に比べて圧倒的に大きいときにどうなるかを考えよ．

□ **5.14** 地球の質量は月の質量の約 80 倍である．また地球と月の中心間の距離は，地球の半径の約 60 倍である．地球と月の重心 G はどこに位置するか（厳密にはこの重心 G が太陽のまわりを楕円軌道で公転し，G のまわりを月と地球が回っていると考えるのが正しい）．

□ **5.15** 半径 r の円周にそって，質量 m の物体を A から B まで持ち上げるときの仕事を計算する．
 (a) 図の，角度 θ の位置にあるときの，接線方向の重力を求めよ．
 (b) それに，移動距離 $r\Delta\theta$ を掛けて，$\theta = 0$ から $\frac{\pi}{2}$ まで積分せよ．

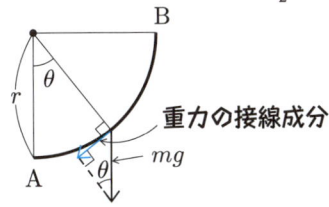

□ **5.16** 物体 A（質量 m）が速度 v で，静止している物体 B（質量 M）に真正面からぶつかった．その後の物体 A の速度の方向と大きさを求めよ．ただしはね返り係数を e $(0 < e < 1)$ とする．

☐ **5.17** 地表上から鉛直方向に，速度 v で物体を発射した．物体には万有引力のみが下向きに働いているとする．その物体はどこまで上がるか．ただし地球の質量を M，地球の中心からの距離を r としたとき，万有引力による位置エネルギーは $-G\frac{Mm}{r}$ と表される．また，どのような場合にこの物体は地球から離れて宇宙のかなたまで飛んでいけるか．また，万有引力による位置エネルギーのグラフを描き，以上のことを図で説明せよ．

復習問題の解答

① 速度，② 力，③ 力積，④ エネルギー，⑤ $\frac{1}{2}mv^2$　⑥ 逆，⑦ 減る，⑧ 移動方向の成分（射影），⑨ mgx，⑩ ゼロ，⑪ 全力学的，⑫ （力学的）エネルギー，⑬ 10，⑭ 5，⑮ 5，⑯ $\sqrt{10}(\fallingdotseq 3.16)$，⑰ 運動量，⑱ 等速直線，⑲ 保存力，⑳ 非保存力，㉑ 全運動量，㉒ 熱，㉓ 弾性，㉔ 距離，㉕ 無限遠方，㉖ マイナス

第6章

単振動

　変形の大きさに比例した復元力によって起こる振動を単振動という．物体の最も基本的な運動の1つである．この章ではバネの振動を例に単振動の様子を調べる．振動の振幅，周期，振動数，角振動数といった用語の意味を理解しよう．周期が振幅によらないというのが単振動の特徴である．また単振動の延長として，振動の減衰や共振といった現象も議論する．

| 振動とは
| 運動方程式を解く
| 位相・振幅・周期・エネルギー
| 応用
| 振り子
| 減衰振動・過減衰
| 強制振動
| 地球を貫通する運動

6.1 振動とは

　落下運動に劣らずよくある運動が**振動**である．たとえば床の振動，地震のときの地面の振動，音を出しているバイオリンやギターの弦の振動，太鼓の膜の振動，水面の振動，空気の振動など，物があれば必ず振動があると言っても言い過ぎではない．

　振動とは，一般に同じ変化を繰り返す現象であり，そのような現象が起こるには共通の原因がある．それは**復元力**と慣性である．

　何かが何らかの変形を起こし，元の状態に戻ろうとする力が働くとする．すると，元の状態に向けての運動が起こるが，元の状態に戻ってもそこで止まらない．慣性のため動きはそのまま継続し，逆方向への変形が起こる．しかし逆方向への変形が大きくなり過ぎると，また，元に戻ろうとする力が大きくなり動きは逆転する．しかしまた元に戻っても慣性のためにそのまま動きは継続し…，というように，同じ動きを繰り返すのが振動である．

　数式によってすっきりした議論ができるのがバネの振動である．一端が固定されたバネが滑らかな台の上に水平に置かれており，他端に質量 m の物体が付けられているとする（下図）．物体はバネの伸縮に伴い左右に振動する．

　バネが**自然長**（力が働いていないときの長さ）であるときの物体の位置を $x = 0$ とし，右向きをプラスとする．物体の位置 x がプラスのときはバネは伸びており，縮もうとする．つまり左向きの力（復元力）を物体に及ぼす．物体の位置 x がマイナスのときはバネは縮んでおり，伸びようとする．つまり右向

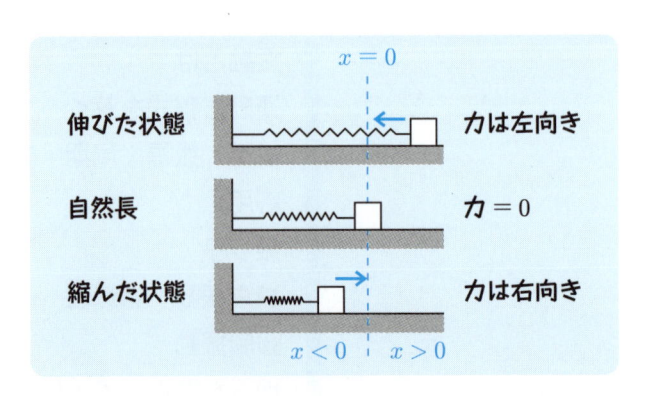

きの力（復元力）を物体に及ぼす．

復元力を具体的に式で表そう．伸縮が小さいときは**フックの法則**という経験則があり，復元力 F は伸縮に比例する．伸縮の程度は物体の位置 x で表されるので，比例係数（**バネ定数**）を k (>0) とすると

$$\boxed{\text{フックの法則：}\quad F = -kx} \qquad (1)$$

マイナスを付けるのは復元力だからである．たとえば $x>0$ ならば伸びているので，力はマイナス方向にならなければならない．

課題 バネについた物体の振動は，次の 4 段階に分けて考えることができる．物体の位置 x は自然長の位置より右側がプラスであり，速度 v は右向きの場合がプラスであることに注意．
第 1 段階：バネが伸びた状態（$x>0$）で右向きに動く（$v>0$）．
第 2 段階：バネが伸びた状態（$x>0$）で左向きに動き（$v<0$），$x=0$ に戻る．
第 3 段階：バネが縮んだ状態（$x<0$）で左向きに動く（$v<0$）．
第 4 段階：バネが縮んだ状態（$x<0$）で右向きに動き（$v>0$），$x=0$ に戻る．
それぞれの段階で，式 (1) から力 F の方向を求め，物体の速度がどのように変化しているかを述べよ．

解答 たとえば第 1 段階は，$x>0$ なので上式より $F<0$．つまり力は左向きだが速度は右向きなので減速する．以下，図を参照．

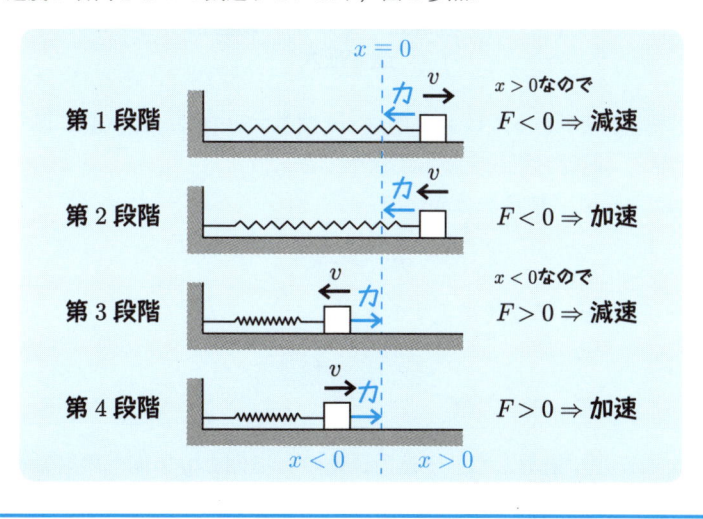

第 1 段階	$x>0$ なので	$F<0 \Rightarrow$ **減速**
第 2 段階		$F<0 \Rightarrow$ **加速**
第 3 段階	$x<0$ なので	$F>0 \Rightarrow$ **減速**
第 4 段階		$F>0 \Rightarrow$ **加速**

6.2 運動方程式を解く

　前項で、バネの振動の大雑把な傾向はわかった。それをグラフにしてみよう。ただし摩擦力など、運動に影響する他の力は働いていないものとする。

　前項の課題の第1段階が時刻0で始まったとする。つまり $t=0$ では原点 ($x=0$) で右側に（プラスの方向に）、速度 v_0 で動いているとする。物体は原点を中心として左右に振動するが、左右への振動の程度は同じであることなどを仮定すると（これはまだ証明していないことだが、後で数式を使って証明する）、物体の動きは下図のようになるだろう。

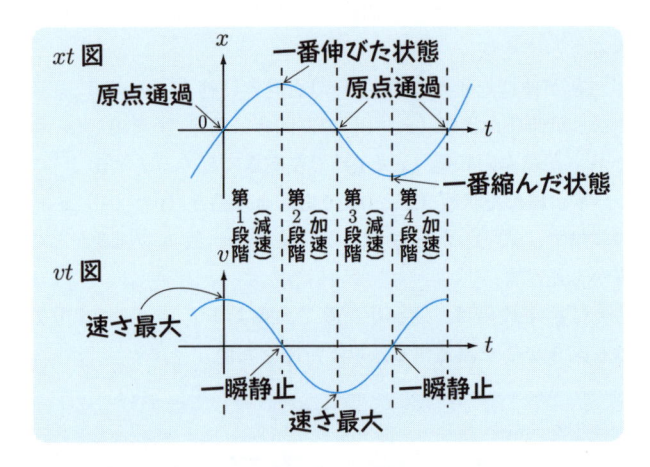

　三角関数の知識がある人は、xt 図は $\sin$ 関数、vt 図は $\cos$ 関数に似ていると気づくだろう。運動方程式を使って調べてみよう。

　運動方程式 $ma=F$ は具体的には

$$ma = -kx$$

これは $\omega^2 = \frac{k}{m}$ という量を導入すると、

$$a = -\omega^2 x \tag{1}$$

とも書ける。

　ここで、4.7項で計算した、等速円運動の x 方向と y 方向への射影を思い出そう。そこで得た結論をまとめると、

6.2 運動方程式を解く

> **等速円運動の射影**
> x 方向： $x(t) = r\cos\omega t$
> $\qquad v_x(t) = \frac{dx}{dt} = -\omega r\sin\omega t$
> $\qquad a_x(t) = \frac{dv_x}{dt} = \frac{d^2x}{dt^2} = -\omega^2 r\cos\omega t$
> y 方向： $y(t) = r\sin\omega t$
> $\qquad v_y(t) = \frac{dy}{dt} = \omega r\cos\omega t$
> $\qquad a_y(t) = \frac{dv_y}{dt} = \frac{d^2y}{dt^2} = -\omega^2 r\sin\omega t$

x と a_x の関係，あるいは y と a_y の関係を見ていただきたい．x 方向も y 方向も，位置に $-\omega^2$ を掛けたものが加速度になっている．式 (1) の x と a の関係と同じである．円運動の場合の ω は角速度であり，式 (1) の ω と定義は違うが，もしそれらが同じ値をもっていたとすれば，まったく同じ関係である．

実際に，左ページの x と v のグラフと同じなのは，上では y 方向の運動である（sin は 0 から上がっていく関数であり，cos は 1 から下がっていく関数）．しかしバネの運動を，第 1 段階（前項の課題）ではなく第 2 段階から始めたとすれば，上の x 方向の運動と同じグラフになるだろう．sin 関数をずらせば cos 関数になるのだから，単に，どこを出発点にしたかの違いに過ぎない．

運動方程式は微分方程式である．つまり，x と，x の何らかの微分との関係を示したものであり，式 (1) の場合，x を t で 2 回微分したもの（加速度 a）が x 自体に比例し，比例係数はマイナスであるという関係を表す．式で書けば

$$\frac{d^2x}{dt^2} = -\omega^2 x \qquad (2)$$

この関係式を満たす x の例が上の $x(t)$ あるいは $y(t)$ だが（4.7 項の課題 1），最も一般的な形は，A と θ_0 を任意の定数として

$$x(t) = A\sin(\omega t + \theta_0) \qquad (3)$$

A や θ_0 の値によって，これは上の $x(t)$ にも $y(t)$ にもなる（$A = r$, $\theta_0 = 0$ とすれば上の $y(t)$, $\theta_0 = \frac{\pi}{2}$（90 度）とすれば $x(t)$ になる．sin が 90 度ずれれば cos である）．式 (2) の解は式 (3) によってすべて表されており，式 (3) を式 (2) の一般解という．

6.3 位相・振幅・周期・エネルギー

$\sin\theta$ の θ を三角関数の**位相**といい，前項最後の一般解（式(3)）の θ_0 は $t=0$ での位相なので**初期位相**という．バネの運動の場合，初期位相は運動をどこから始めるかということに過ぎないので，しばらくは $\theta_0 = 0$ として運動を考えよう．つまり

$$x(t) = A\sin\omega t \tag{1}$$

である．グラフに描くと以下のようになる．

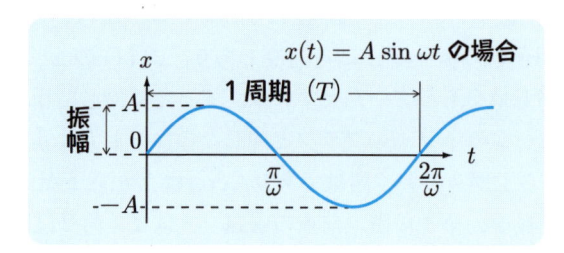

特に重要なのは，x が A と $-A$ の間を振動していることである．A がバネの伸びの最大値である．A をこの振動の**振幅**という．振動の幅のことである．

もう1つ重要なのは，$t=0$ から $t=\frac{2\pi}{\omega}$ までが1回の振動であり，それが何回も繰り返されることである．$\frac{2\pi}{\omega}$ という値を振動の**周期**といい，通常，T で表す．

> 周期： $T = \frac{2\pi}{\omega}$

一周期にかかる時間が T ならば，単位時間当たりの振動の回数は $\frac{1}{T}$ である．これを**振動数**といい，通常，ν（ギリシャ文字のニュー）と表す．

> 振動数： $\nu = \frac{1}{T} = \frac{\omega}{2\pi}$

ω 自体は**角振動数**といい，単位時間に位相がどれだけ変わるかを表す．これらを使えば式(1)は

$$x = A\sin\left(\frac{2\pi t}{T}\right) = A\sin(2\pi\nu t)$$

である．t が T だけ増えれば位相が 2π（360度）だけ増えるので，運動が1周することがわかるだろう．

6.3 位相・振幅・周期・エネルギー

次に，バネの力による位置エネルギーを考えよう．

位置エネルギーの変化 = 仕事

という関係が出発点である．ただしこの場合の仕事とは，バネの力にさからって物体を動かすのに必要な最小限の力，つまり $F_0 = +kx$ による仕事である．物体が x にあるときの位置エネルギーを $U(x)$ とすれば，

$$U(x) - U(0) = F_0 \text{により原点から} x \text{まで動かすときの仕事}$$

であり，下図のようになる．

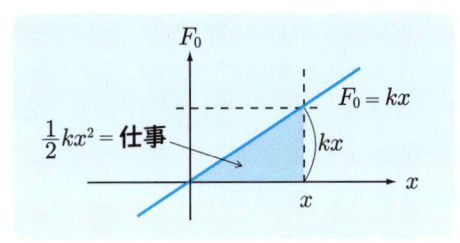

通常，バネが伸縮していない状態 ($x=0$) の位置エネルギーを 0 とするので ($U(0) = 0$)，そのときは

> バネの位置エネルギー：　$U(x) = \frac{1}{2}kx^2$
> 全力学的エネルギー　：　$E = \frac{1}{2}mv^2 + \frac{1}{2}kx^2$

課題　式 (1) の運動で全力学的エネルギーが保存することを示せ．
解答　速度は，$x(t)$ を微分すれば（あるいは前項の円運動の式を考えれば）

$$v = A\omega \cos \omega t \quad \to \quad \tfrac{1}{2}mv^2 = \tfrac{1}{2}Am\omega^2 \cos^2 \omega t$$

$\omega = \sqrt{\frac{k}{m}}$（前項）だったことを使えば $m\omega^2 = k$ だから

$$E = \tfrac{1}{2}kA^2(\cos^2 \omega t + \sin^2 \omega t) = \tfrac{1}{2}kA^2 = \text{一定}$$

$x = 0$ では位置エネルギーが 0，$x = A$（一瞬静止のとき）では運動エネルギーが 0 というように，位置エネルギーと運動エネルギーは増えたり減ったりしているが，その和は一定に保たれている．

6.4 応用

全力学的エネルギーが E だったとしよう.

$$E = 運動エネルギー + 位置エネルギー \geq 位置エネルギー(U)$$

である. 運動エネルギーは速度の 2 乗に比例する量なのでマイナスにはならないことを使った. 位置エネルギー U だけで E よりも大きくなることはないので, $U = E$ となる位置が, その振動の限界であることがわかる.

このことの意味は, 位置エネルギーをグラフに描くとわかりやすくなる. 下の図ではバネの位置エネルギーを描いた. バネに付けた物体の位置, つまりバネの伸縮の大きさが x である. そして図より, $U = E$ となる x は A および B である. つまり物体の位置 x が A または B になったときが振動の限界であり, 物体は A と B の間を往復する (振動する).

全エネルギーと U の差が運動エネルギーである. 右の図では, x が x_0 のときの各エネルギーの大きさを示した. 位置エネルギーが増えれば運動エネルギーが減る (速さが減る) という関係がよくわかるだろう.

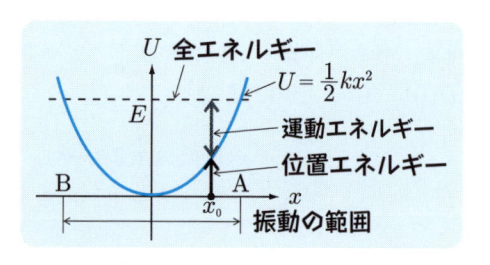

前項で扱った $x = A \sin \omega t$ という場合, 時間が経過したときの各エネルギーの増減は次のようになる (章末問題 6.4 も参照).

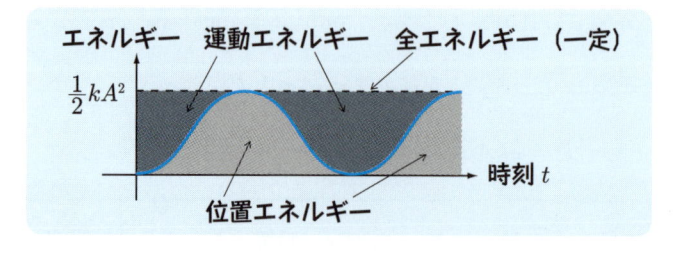

次に, 鉛直にぶら下げたバネに付けた物体の振動を考える. 物体に働く重力を考慮しなければならない.

6.4 応用

課題1 バネが自然長のときの物体の位置を $x=0$ とし，上方向を $x>0$ とする．(a) つり合いの位置を求めよ．(b) 物体に働く合力は，つり合いの位置からのずれに比例する復元力であることを示せ．

解答 (a) 下向きの重力（$-mg$）と，上向きのバネの力（$-kx$）がつり合う位置は，

$$-mg + (-kx) = 0 \Rightarrow x = -\frac{mg}{k}$$

(b) 合力 $= -mg + (-kx) = -k(x + \frac{mg}{k}) = -k(x - (-\frac{mg}{k}))$

つまり合力は $-\frac{mg}{k}$ からのずれに比例する．

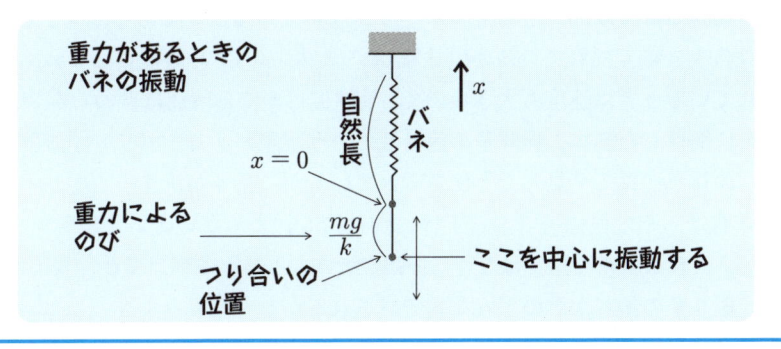

重力があるときのバネの振動

自然長　バネ　x

$x=0$

重力によるのび　$\frac{mg}{k}$

つり合いの位置　ここを中心に振動する

以上のことより，ぶら下げたバネの振動は，つり合いの位置を中心とする振動であることがわかる．このことはエネルギーを考えてもわかる．

課題2 ぶら下げたバネの全位置エネルギー（バネによる位置エネルギーと重力による位置エネルギーの和）を求め，それが最小になる x を求めよ．

解答 x の2次式になるので平方完成する．

$$U \text{（全位置エネルギー）} = \frac{1}{2}kx^2 + mgx = \frac{1}{2}k(x + \frac{mg}{k})^2 - \frac{1}{2}\frac{m^2g^2}{k}$$

したがって U が最小になるのは $x = -\frac{mg}{k}$，すなわちつり合いの位置である．

上の U の式は $x = -\frac{mg}{k}$ を底とする放物線である．つまりバネの位置エネルギー $\frac{1}{2}kx^2$ をマイナス方向に $\frac{mg}{k}$ だけずらしたものである．定数を差し引いているが，位置エネルギーの基準点が変わっただけで物体の運動には関係しない．つまり物体の運動に対しては，重力は単に振動の中心をずらす効果をもつだけである．

6.5 振り子

$A\sin(\omega t + \theta_0)$ という関数で表される運動にはさまざまなものがあるが，これらを総称して**単振動**という．すべて，

$$a = -\omega^2 x \quad (ただし a (加速度) = \tfrac{d^2x}{dt^2}) \tag{1}$$

という形の運動方程式で表される．何らかの変形が起きたとき，変形が小さい範囲では，復元力は一般に変形の大きさ x に比例することから生じる運動である．

この運動の特徴は，周期 $T\,(=\frac{2\pi}{\omega})$ が決まっていることである．つまり，どれだけの大きさで揺れているか，振幅 A の大きさには T は依存しない．大きく揺れているときは速度も大きいので，1 往復にかかる時間は変わらない．

これに関係した話に，**振り子の等時性**という現象がある．ガリレイが教会のランプの揺れを見て発見したと伝えられているが，長さが決まった振り子の振れの周期は，その振幅に（ぶら下げた質量にも）よらないという現象である．ただし，これは厳密な話ではなく，振幅が大きくなると周期は多少，長くなる．まず，振り子の振れがどのような式で表されるかを考えてみよう．

振り子に付けられた物体の運動は部分的な円運動である．復元力は重力であり，振り子は傾くと元に戻ろうと動くが，鉛直になっても慣性でそのまま行き過ぎ，また戻ってくるという運動を繰り返す．

円運動といっても等速ではない．運動を，円周方向と中心方向に分けて考えよう．動くのは円周方向であり，その速度を v とする（右向きをプラスとする）．また，鉛直方向から測ったヒモの角度を θ とする（これも右向きをプラスとし，左側に傾いたときは角度がマイナスであると考える）．すると重力の円周方向の力の成分は図より，$-mg\sin\theta$ になる．左に傾いたときは $\theta<0$ であり，$\sin\theta<0$ なので，力はプラス，つまり右向きになる．結局，運動方程式 $ma=F$ は

$$m\tfrac{dv}{dt} = -mg\sin\theta \tag{2}$$

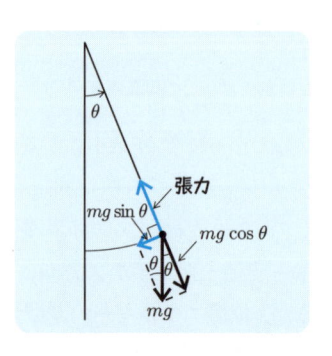

6.5 振り子

m は両辺にあるので打ち消し合う（3.3 項も参照）．

次に，速度 v を θ の変化率で表そう．ヒモの長さを l とする．等速円運動のときは，角速度を ω とすると速度は ωl であった（4.2 項）．速度 = 角速度 × 半径という関係は角速度が一定でない場合も変わらないが，ここでは角速度は式 (1) の ω ではない．角速度とは角度 θ の変化率のことだから $\frac{d\theta}{dt}$ と書けるので

$$v = l\frac{d\theta}{dt}$$

と書く（第 7 章では $\frac{d\theta}{dt} = \dot{\theta}$ という記号も使う）．これを使えば加速度は θ の二階微分で表され

$$\frac{dv}{dt} = l\frac{d^2\theta}{dt^2}$$

である．これを式 (2) に代入すれば

$$\frac{d^2\theta}{dt^2} = -\omega^2 \sin\theta$$

ただし $\omega^2 = \frac{g}{l}$（振動では ω という記号はこのために使う）．

これは単振動の運動方程式 (1) とは形が違う．しかし単振動とは元来，変化が小さいときに起こる現象である．実際，角度 θ が小さいと $\sin\theta$ はほぼ θ に比例し（付録 B），θ をラジアンで表せば $\sin\theta \fallingdotseq \theta$ である．運動方程式は

$$\frac{d^2\theta}{dt^2} \fallingdotseq -\omega^2 \theta$$

となる．これは単振動の式である．周期は ω から決まり振幅に依存しない（等時性）．実際には振幅が大きくなると（$\sin\theta \neq \theta$ なので）周期は少しずつ増えるが，振幅が 10 度程度では 500 分の 1 程度しか変わらない．

中心方向の運動方程式　中心までの距離は一定だが，円運動の中心方向の加速度はゼロではない．加速度は等速円運動の場合（$\omega^2 l$）と同じで，$l(\frac{d\theta}{dt})^2$ である（中心向きをプラス）．したがって運動方程式は

$$ml(\frac{d\theta}{dt})^2 = \text{ヒモの張力} - mg\cos\theta$$

ただし振幅が小さいときは θ も $\frac{d\theta}{dt}$ も小さいので左辺は 0，さらに $\cos\theta$ を 1 と近似すると（θ が小さいので），張力 $\fallingdotseq mg$ となる．

6.6 減衰振動・過減衰

　単振動の式によれば振動は永遠に続く．しかし自然界の振動は一般に，次第に弱くなる（減衰という）．抵抗力が働くからである．

　抵抗力が働いている場合の落下運動については 3.9 項で議論した．それによれば，速度 $v(t)$ は時間の経過とともに，ある終速度（v_∞）に近づいていく．その近づき方は τ（ギリシャ文字，タウ）をある定数として

$$v(t) - v_\infty \propto e^{-t/\tau}$$

という形に書ける．つまり速度は指数関数的に最終的な値に近づく．

　抵抗力が働いている場合，単振動はどうなるだろうか．少なくとも最終的には振動がなくなるのだろうから，物体の位置は原点 $x = 0$ に近づくだろう．速度 v も 0 に近づくはずである．近づき方の可能性としては，振動しながら，その振幅がゼロに近づくということが考えられる．これを，振動はするが減衰するという意味で，**減衰振動**という．

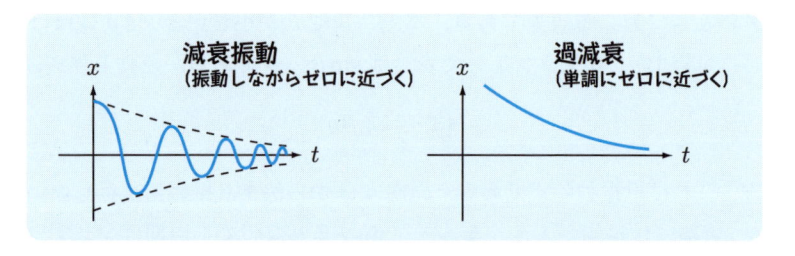

　実際，速度に比例する抵抗力が働くとして運動方程式（右ページ）を解くと，抵抗力があまり大きくない場合にはこのようになり，x の振る舞いは

$$x(t) = A e^{-t/\tau} \sin(\omega t + \theta_0) \qquad (1)$$

と書ける（τ と ω はある決まった定数であり，A と θ_0 は任意の定数）．つまり振動しながら振幅が指数関数的に 0 に近づく．この式を見ると，振幅は減るが振動は無限に繰り返すことがわかる．抵抗力が速度に比例する（つまり速度が小さくなると抵抗力も小さくなる）と仮定したためである．現実には，速度に依存しない力（摩擦力など）も働いて，振動は無限回は続かないだろう．

6.6 減衰振動・過減衰

また，抵抗力が大きければ，(それが速度に比例するとしても) まったく振動しないで $x=0$ に近づくという可能性もある．これを**過減衰**という．この場合，

$$x(t) = Ae^{-t/\tau} \tag{2}$$

という形になる．

運動方程式を解く　運動方程式は

$$m \times 加速度 = 復元力 + 抵抗力$$

である．復元力はバネの場合と同じ記号を使って $-kx$ と記そう．また抵抗力は速度に比例すると仮定して $-\kappa v$ とする．抵抗力は速度の方向と逆方向に働くのでマイナスを付けた (κ (カッパ) は正の定数)．これらを上式に代入し，また速度や加速度を微分を使って表すと

$$m\frac{d^2x}{dt^2} = -kx - \kappa\frac{dx}{dt} \tag{3}$$

まず過減衰の場合を考える．式 (2) の形が正しいことを確認するために，これを式 (3) に代入してみよう．指数関数の特徴は，微分してもその形が変わらないことである．たとえば，

$$\frac{de^{-t/\tau}}{dt} = (-\frac{1}{\tau})e^{-t/\tau}$$
$$\frac{d^2e^{-t/\tau}}{dt^2} = (-\frac{1}{\tau})^2 e^{-t/\tau}$$

これらを式 (3) に代入し，すべての項を左辺にまとめ，さらに共通の因子をくくりだすと

$$(k\tau^2 - \kappa\tau + m)(\frac{A}{\tau^2})e^{-t/\tau} = 0$$

となる．結局，A は何でもよく，τ は，$k\tau^2+\kappa\tau+m=0$ という 2 次方程式を満たせばよい．この式を満たす「実数」の解がある条件は，判別式 $=\kappa^2-4km>0$, つまり抵抗力の係数 κ がある程度，大きくなければならない．

この条件が満たされていないときは運動は減衰振動になり，答えは式 (1) の形になる．適切な τ と ω を選べば式 (1) が式 (3) を満たしていることは，代入して計算すれば証明できる (多少，面倒だが・・・ 章末問題 6.12 参照)．

6.7 強制振動

振動しているものに外部から力を加え，揺り動かすとどうなるだろうか．必ずしも，振動がさらに大きくなるとは限らない．外からかける力と，振動とのタイミングによっては，かえって振動が弱くなることもある．たとえば右に動いているときに左に押してしまえば，仕事はマイナスなので振動のエネルギーは減る．また，右に動いているときは右に，左に動いているときは左にと，うまくタイミングが合えば，振動はどんどん大きくなることが予想される．

ここでは（外力を加えなければ）角振動数 ω_0 で単振動する物体に，外から角振動数 ω の力（$\propto \sin\omega t$）を加えた場合の運動を計算してみよう．外力によって強制的に動かすという意味で**強制振動**と呼ぶ．また ω_0 を，この物体固有の角振動数という意味で**固有角振動数**と呼ぶ．

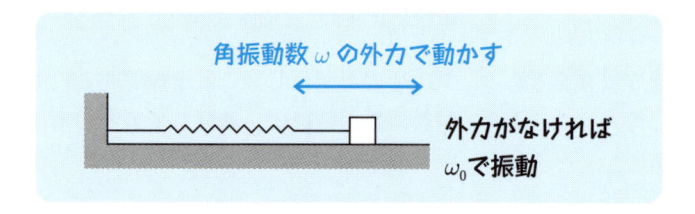

運動方程式は，加速度を微分で表して（すでに質量 m で割ったとして）

$$\underbrace{\frac{d^2x}{dt^2}}_{\text{(加速度)}} = \underbrace{-\omega_0^2 x}_{\text{(復元力}\div m\text{)}} + \underbrace{f\sin\omega t}_{\text{(外力}\div m\text{)}} \quad (1)$$

とする．物体は外力の角振動数 ω と同じ角振動数で動かされるとして

$$x = A\sin\omega t \quad (2)$$

という形の答えがあることを確かめる．これを上の式に代入し，左辺では $\sin\omega t$ の微分を 2 回すれば，

$$-A\omega^2 \sin\omega t = -A\omega_0^2 \sin\omega t + f\sin\omega t$$

となる．すべての項に共通な $\sin\omega t$ で割ると

$$-A\omega^2 = -A\omega_0^2 + f$$

6.7 強制振動

すなわち

$$A = \frac{f}{\omega_0^2 - \omega^2} \tag{3}$$

振幅 A がこの大きさならば，式 (2) はこの問題の 1 つの答えになる．また，より一般に，A' と θ_0 を任意の定数として

$$x = A\sin\omega t + A'\sin(\omega_0 t + \theta_0) \tag{4}$$

としてもこの問題の答えになる（式 (1) に代入してみればすぐにわかる）．第 1 項は式 (2) そのものであり外力の影響を表し，第 2 項は外力とは無関係に，この物体が自身の固有角振動数 ω_0 で振動している部分である．

この結果で興味深いのは，外力の ω を，この物体の固有角振動数 ω_0 に近づけると，振幅 A が大きくなることである．完全に一致した場合（$\omega = \omega_0$）は無限大になってしまう．もちろん無限大というのは意味がないので，$\omega = \omega_0$ の場合には別の答えを見つけなければならない．ここでは天下り的に答えを示すと

$$x = -\frac{f}{2\omega_0}t\cos\omega_0 t + A'\sin(\omega_0 t + \theta_0) \tag{5}$$

である（式 (1) に代入すれば解であることはわかる）．

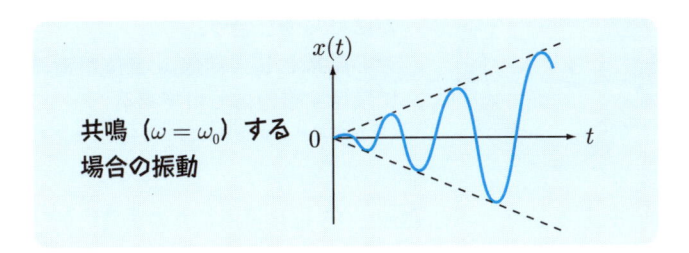

共鳴（$\omega = \omega_0$）する場合の振動

興味深いのは式 (5) の第 1 項であり，時間 t とともに振幅がどんどん大きくなる．このシステムは外力からどんどんエネルギーをもらって振動が激しくなっていく．システムと外力が**共鳴（共振）**しているという．もちろん振動は無限にはなりえないから，どこかでこのシステムは壊れてしまうだろう．x が大きいとき，復元力が $-kx$ ではなくなれば壊れないこともありうるが，いずれにしろ警戒すべき状態になる．建物を作るときは，地震の振動と共鳴しないように工夫しなければならない．

6.8 地球を貫通する運動

変形に対する復元力の効果ではないが，結果として単振動になる有名な例がある．地球の中心を通して直線のトンネルを貫通させたとする．片方から物体を落とすとその物体はどう動くだろうか．

この問題を解くには，地球内部での重力の大きさを知らなければならない．これを計算するには，次の2つの知識が必要である．

性質1 球対称な物体Aの外側にある別の物体Bは，物体Aの質量がすべて，球の中心に集中している場合と同じ重力を受ける．

性質2 球対称な物体Aの内側に，球対称な空洞があるとする．この空洞内にある別の物体Bは，物体Aからの重力は受けない．

性質1はすでに4.5項で使った．ただし証明は電気力の場合と同じなので，第3巻に譲ることにした．性質2も同様なので第3巻で証明するが，Bを頂点とする円錐を両側に考えると，円錐がどのような方向を向いていても，図の M と N の部分による重力がつり合うことが根本原因である．

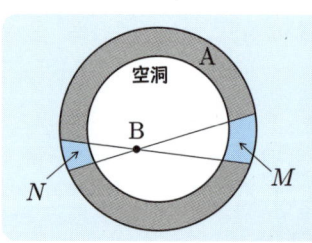

M 部分と N 部分が物体Bに及ぼす重力は打ち消し合う．
その結果として球殻A全体が物体Bに及ぼす重力はゼロである．
（Bが空洞とAの境界にあっても同じである．）

上の2つの性質を使うと，質量密度（単位体積当たりの質量）が一様な球が，その内部にある物体に対して及ぼす重力を簡単に計算できる．まず半径 R，質量密度 ρ の球Aが，その表面にある質量 m の物体Bに及ぼす重力（万有引力）を計算しよう．球Aの全質量 M は

$$M = 全体積 \times 質量密度 = \tfrac{4\pi}{3}R^3\rho$$

なので

$$重力（表面） = Gm \cdot \frac{\frac{4\pi}{3}R^3\rho}{R^2} = \tfrac{4\pi}{3}Gm\rho R$$

次に，物体Bが球Aの内部，中心から距離 r の位置（ただしそこに掘られた

6.8 地球を貫通する運動

トンネルの中）にあったとしよう．球 A を，半径 r の球 A′ と，その外側にある球殻（空洞のある球）A″ に分ける．物体 B は A″ の内部にあるので，性質 2 により，A″ の部分からは重力はまったく受けない．A′ 部分からは，上の計算と同じで，

$$\text{重力}(r) = \frac{4\pi}{3} G m \rho r = \text{重力（表面）} \times \frac{r}{R} \tag{1}$$

の力を受ける．ただし中心から距離 r の位置にある物体が受ける重力を重力 (r) と書いた（$r < R$）．つまり球内部の物体が受ける重力は，中心向きで，中心からの距離に比例する．この性質は，伸縮に比例するバネの力と同じである．

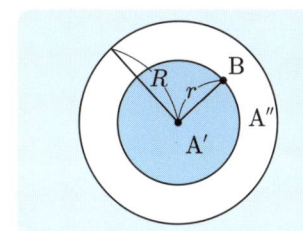

物体 B は A″ 部分からは重力を受けない．
A′ 部分から受ける重力は r に比例する．

球 A を地球だとしよう．地球はほぼ球形だが，質量密度は中心部分のほうが大きい（鉄成分が集中しているので）．しかしここでは質量密度は一定であると仮定して話を進める．すると式 (1) が成り立つ．また，重力（表面）は mg（g は地表上での重力加速度）である．

地球の中心を通る，地球をつらぬくトンネルを掘ったとしよう．そのトンネルを落下する物体 B の運動方程式は

$$ma = \text{重力}(r) = -\frac{mg}{R} r$$

ただし力の向きを考えて右辺にはマイナスを付けた．これは $\omega^2 = \frac{g}{R}$ の単振動の式であり，物体 B は，地球の中心を原点とする単振動をする．その周期 T の半分，つまり地表から，地球の反対側の地表まで到達する時間は

$$\frac{T}{2} = \frac{1}{2}\frac{2\pi}{\omega} = \pi\sqrt{\frac{R}{g}} \fallingdotseq 2.5 \times 10^2 \,\text{s} \fallingdotseq 42\,\text{分}$$

（$R = 6{,}370\,\text{km}$ とした）．トンネルが地球の中心を通っていない場合でも単振動になることも示せる（章末問題 6.15 参照）．

復習問題

以下の [ ] の中を埋めよ (解答は 120 ページ).

□ **6.1** 下の xt 図は，バネの先端に付けた物体が振動している様子を表している．x [①] 0 はバネが伸びている状況，x [②] 0 は縮んでいる状況に対応する．そして図の I は，バネが伸びながらも物体は減速している段階．II は，バネが [③] ながら物体が [④] している段階．III は，バネが [⑤] ながら物体は [⑥] している段階，そして IV は，[⑦] ながら [⑧] している段階を表す．

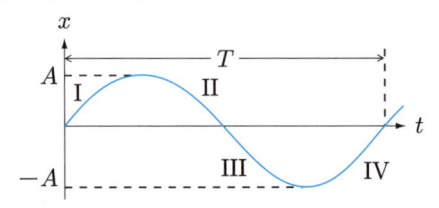

□ **6.2** 上の図で，A は振動の [⑨]，T は振動の [⑩] を表す．[⑨] とは振動の幅であり，[⑩] とは，動きが 1 往復する時間である．上のグラフは

$$x = A\sin\left(\frac{2\pi t}{T}\right)$$

と書ける．t が T だけ増えると位相が [⑪] だけ増える．

□ **6.3** 100 g の物体をバネにつるしてぶら下げたところ，バネが 10 cm 伸びたところでつり合った．$g = 10\,\text{m/s}^2$ とすればバネ定数は $k = $ [⑫] N/m である．次に，この物体とバネを滑らかな水平な台の上に置き，バネの端を固定して振動させた．最初にバネを 10 cm 延ばしてから手を放したとき，全力学的エネルギーは [⑬] J であるから，振動中の物体の最大速度は [⑭] m/s である．

□ **6.4** バネ定数を k とすると，バネの位置エネルギーは [⑮] と表される．バネに付けられた物体が $x = A\sin\omega t$ という形で振動しているとき，位置エネルギーは

$$U = \tfrac{1}{2}kA^2\sin^2\omega t = \tfrac{1}{4}kA^2(1-\cos 2\omega t)$$

全エネルギーは [⑯] であり，それとの差が [⑰] エネルギーになる（これが 108 ページ下の図である）．

章末問題

□**6.5** 振り子の振れが小さいときは動きは [⑱] になり，振り子の長さを r とすれば，その周期は [⑲] になる．たとえば2秒周期の振り子にするためには，$r \fallingdotseq$ [⑳] m にすればよい．

□**6.6** 単振動する物体に抵抗力が働くと，振動は次第に弱まっていく．これを [㉑] 振動という．ただし抵抗力がある限度よりも大きいと，物体はまったく振動できずに，単調に最終的な位置に [㉒] 関数的に近づく．これを [㉓] という．

□**6.7** 外力を加えなければ角振動数 ω_0（固有角振動数）で単振動する物体に，それとは異なる角振動数 ω で振動する外力を加える（強制振動）．このとき，物体が外力に合わせて一定の振幅で振動するという解があり，その振幅は $\omega - \omega_0$ に [㉔] する．つまり ω が ω_0 に近づくにつれて振幅が [㉕] なる．ω が ω_0 に一致したとき，つまり外力の振動と，この物体の固有角振動数が一致した場合を [㉖] といい，振幅が [㉗] に比例して増加していく振動になる．これは，外力による [㉘] を物体がうまく吸収して，[㉙] を増やしていくためである．

● 応用問題

□**6.8** 下の図 A〜C の振動は，(a)〜(c) のどの関数で表されるか．ただし $A > 0$ とする．
ヒント：$t = 0$ およびその付近でどうなっているかを見ればよい．

(a) $x = A\cos\omega t$, (b) $x = A\sin(\omega t + \pi)$, (c) $x = A\sin(\omega t - \frac{\pi}{2})$

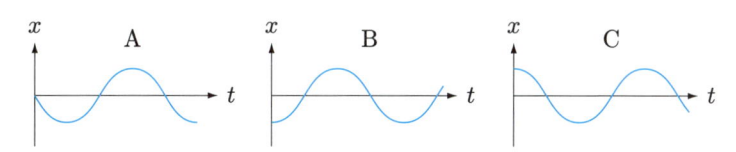

□**6.9** 鉛直にぶら下げたバネ（バネ定数 k）の先端に質量 m の物体を付ける．物体をバネの自然長の位置に持ち上げてからそっと放す．物体はどのような振動をするか．6.4項の課題2で使った記号を使って記せ．

□**6.10** バネ（バネ定数 k）の片端を床に取り付け垂直に立てる．その上に台を付けそこに質量 m の物体を置くが，バネからは自由に離れるようになっている．バネを自然長よりも $a\ (>0)$ だけ縮めて離すと，物体はどのように運動するか．物体はバネから離れて飛び上がるか（バネおよび物体を乗せる台の質量は無視できるものとする）．

第 6 章　単振動

☐ **6.11** 5.8 項の課題 2 (a) で求めたエネルギー保存則の式を微分すれば、6.5 項の振り子の運動方程式（式 (2)）になることを確かめよ．

☐ **6.12** 6.6 項の式 (1) で τ と ω を適切に選べば，抵抗力のある運動方程式 (3) の解になっていることを確かめよ（θ_0 は任意の定数である）．

☐ **6.13** 強制振動の解（6.7 項の式 (4)）で，与えられた初期条件を満たすには第 2 項が必要である．たとえば初期位置も初速度もゼロ（つまり $t=0$ で $x=0, v=0$）となる解を求めよ．

☐ **6.14** 強制振動の解では，$\omega = \omega_0$ でない限り，外力が働いていても振動の振幅は一定である．つまり外力のする仕事は平均するとゼロである．これは，物体の動く方向と外力の方向が常には一致していないからだが，そのことを 6.7 項の式 (2) で確かめよ．

☐ **6.15** 6.8 項の問題で，トンネルが地球の中心を通らない直線であっても物体は同じ周期の単振動をすることを示せ．

復習問題の解答

① >，② <，③ 縮み，④ 加速，⑤ 縮み，⑥ 減速，⑦ 伸び，⑧ 加速，⑨ 振幅，⑩ 周期，⑪ 2π，⑫ 10，⑬ 0.05，⑭ 1，⑮ $\frac{1}{2}kx^2$，⑯ $\frac{1}{2}kA^2$，⑰ 運動，⑱ 単振動，⑲ $2\pi\sqrt{\frac{r}{g}}$，⑳ 1，㉑ 減衰，㉒ 指数，㉓ 過減衰，㉔ 反比例，㉕ 大きく，㉖ 共鳴（あるいは共振），㉗ 時間，㉘ 仕事，㉙ エネルギー

第7章

回転運動と剛体

　等速とは限らない，一般の円運動（回転運動）を，質点，および剛体（広がりをもった変形しない物体）の場合に考える．回転は，基準点から見たときの物体の方向（角度）の変化によって表される．その運動方程式では，通常の運動方程式での質量に相当する量が慣性モーメント，力に相当する量がトルク（力のモーメント）になる．基準点からの距離が変わる，つまり円運動とは限らない一般的な回転も考える．その場合は角運動量という量が役に立つ．

てこの原理とトルク
回転運動の方程式
剛体の慣性モーメント
棒の振り子
回転軸をずらす
滑車の運動
自動車を動かす力
斜面を転がる円板
面積速度
角運動量とその保存則
角運動量ベクトル

7.1 てこの原理とトルク

重いものでも小さい力で持ち上がるというてこの原理は，仕事という考え方と深く結び付いている．

課題 1 長さ a の，質量が無視できる棒を水平にし，左端（支点）を固定し，左端から長さ b の位置に質量 m の物体を置く．右端に，棒に垂直方向に力 F をかけたところつり合った．F の大きさを求めよ．

考え方 F をわずかに増やして物体を少しだけ持ち上げる．そのときの物体の位置エネルギーの増加は（物体に与える速度が無視できるほど小さいならば）F がした仕事に等しい．それが F の大きさを決める条件になる．

解答 棒の角度が $\Delta\theta$ だけ傾いたとする．物体は $b\Delta\theta$ だけ持ち上がるので，

$$\text{位置エネルギーの増加} = mg \times \text{高さ} = mgb\Delta\theta \tag{1}$$

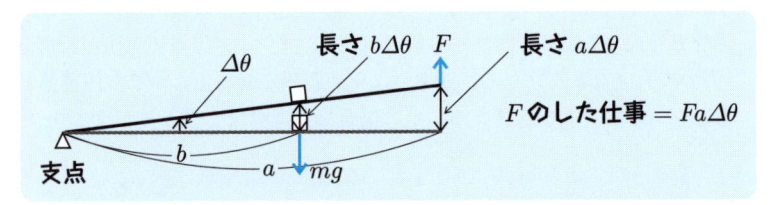

一方，力がかかっている位置は $a\Delta\theta$ だけ上がるので，力がした仕事は $Fa\Delta\theta$．これが式 (1) に等しくなければならないのだから，共通の $\Delta\theta$ は消して

$$Fa = mgb \tag{2}$$

a が b に比べて大きいほど F は小さくてすむ．これがてこの原理に他ならない．

課題 2 水平に置かれた板が，固定された軸の周りを自由に回転できるようになっている．板のあちらこちらに図のように力が働いているが，つり合っていて板は静止しているとする．力が満たす条件を式で表せ．

考え方 つり合っている力をごくわずかに変えて，板をごくゆっくりと回転させたとき（板の運動エネルギーは無視できるほど小さいままとする），それぞれの力がする仕事の合計はゼロでなければならない．これがつり合いの条件になる．

7.1 てこの原理とトルク

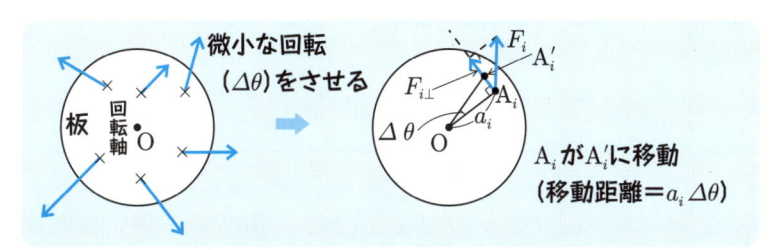

解答 回転軸 O から，i 番目の力 F_i の作用点 A_i までの距離を a_i とする．板が $\Delta\theta$ だけ回転したときの作用点が動く距離は $a_i\Delta\theta$ である．この力がする仕事は，この距離に，力の移動方向の成分（$F_{i\perp}$ と書く）を掛けたものである（5.7 項）．$\perp$ は垂直という記号だが，OA_i に垂直ということを意味する．結局

$$F_i のした仕事 = F_{i\perp} a_i \Delta\theta$$

$F_{i\perp}$ は移動方向を向いているときはプラス，逆方向のときはマイナスであることに注意．これの合計がゼロになるというのがつり合いの条件である．

上式で $\Delta\theta$ はすべての力に共通なので，つり合いの条件は，$F_{i\perp}a_i$ の合計がゼロだということでもある．$F_{i\perp}a_i$ という量を，「力 F_i の，回転軸 O に対する**トルク**（あるいは**力のモーメント**）」という．トルクを N_i と表すと

回転に対するつり合いの条件： $N_1 + N_2 + N_3 + \cdots = \sum N_i = 0$ (3)

となる．課題 1 の式 (2) は，$Fa + (-mgb) = 0$ と書けば，重力によるトルク $-mgb$ と，力 F によるトルク Fa の和がゼロという意味に他ならない．

注意 **トルクの計算** トルクは上の定義では，「回転軸からの力の作用点までの距離 $a \times$ 力の垂直成分 $F_\perp$」であった．OA と力がなす角度を ϕ とすれば，$F_\perp = F\sin\phi$ なので $N = aF_\perp = aF\sin\phi$ である．また右図のように，O から力の作用線までの距離 $a_\perp$ は $a_\perp = a\sin\phi$ なので，トルクは，「回転軸から力の作用線までの距離 × 力（$N = a_\perp F$）」とも書ける．$a_\perp$ を O から作用線に延ばした足という． ○

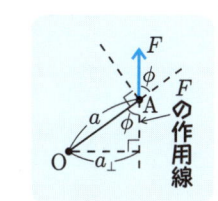

7.2 回転運動の方程式

回転に対するつり合いの条件がわかったので，次に，回転の動きを考えよう．

> **課題1** 長さ a の棒の先端に質量 m の物体が付いている振り子を考える．棒自体の質量は無視できるものとする．物体の速度を v（右向きをプラス），物体に働く力（重力を含む）の，動きの方向（円周方向）の成分を $F_\perp$ とすると，運動方程式は
>
> $$m\frac{dv}{dt} = F_\perp \tag{1}$$
>
> である（⊥とは支点から物体に向かう方向（半径方向）に垂直ということ．下図では左向きだから $F_\perp < 0$）．さらに，棒の中ほど，支点からの長さ b の位置に，棒に直角方向に力 f を加えたとき（下図では $f > 0$），運動方程式はどうなるか．
> **考え方** f が物体に直接かかっていれば式 (1) の右辺に単に f を加えればいいが，ここではそうではないので，てこの原理を考える．
> **解答** b に働く力 f は，a に働く，どれだけの大きさの力と同等であるかを考える．てこの原理によれば，作用点を遠くすると，力の大きさはそれに反比例して減らさなければ，同じ効果をもつ力にはならない．つまり b での力 f は，a での力 $\frac{b}{a}f$（$< f$）と同等である．したがって答えは
>
> $$m\frac{dv}{dt} = F_\perp + \frac{b}{a}f \tag{2}$$

上の説明にものたりない人は，次のように考えればよい．

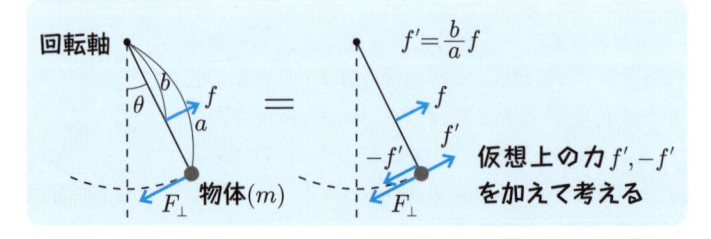

便宜上，$\frac{b}{a}f$ を f' と記す．まず，長さ a の位置に，2つの反対向きの力 f' と $-f'$ を加える．打ち消し合う力だから加えても何も変わりはない．ところが，b

7.2 回転運動の方程式

での f と a での $-f'$ はてこの原理からつり合うので，この 2 つを一緒に消すことができる．結局，a での $+f'$ の力が残り，それが式 (2) 右辺の第 2 項となる．

振り子の説明（6.5 項）でも指摘したことだが，速度 v は，棒の長さ a に角速度 $\frac{d\theta}{dt}$（$\dot{\theta}$ と書く $\cdots$ 「$\cdot$」とは時間で微分したことを示すのに使われる記号）を掛けたものである．

$$v = a\frac{d\theta}{dt} = a\dot{\theta}$$

これを式 (2) の左辺に代入し，全体に a を掛けると

$$ma^2 \frac{d\dot{\theta}}{dt} = aF_\perp + bf$$

になる．ここで，左辺の ma^2 という量を，この物体の，回転軸 O に対する**慣性モーメント**と呼び，I と書く．また右辺は，前項で定義したトルク（力のモーメント）に他ならないので，それぞれを N_a，N_b と書くと運動方程式は結局

$$I\frac{d\dot{\theta}}{dt} = N_a + N_b (= N_{合計}) \tag{3}$$

となる．つまり，トルクがつり合っていない分だけ回転が加速される．

慣性モーメントという量が重要であることは，次の問題からもわかる．

> **課題 2**　角速度 $\dot{\theta}$ で回転している，長さ a の棒の先に質量 m の物体が付いている．この物体の運動エネルギーを慣性モーメント I $(= ma^2)$ を使って表せ．
>
> **解答**　　運動エネルギー $= \frac{1}{2}mv^2 = \frac{1}{2}m(a\dot{\theta})^2 = \frac{1}{2}ma^2\dot{\theta}^2 = \frac{1}{2}I\dot{\theta}^2$ 　　(4)

式 (3) や式 (4) より，回転運動の式と，直線上を運動する物体の運動の式とは，次のような対応関係にあることがわかる．

$$
\begin{aligned}
&\text{質量 } m &&\Leftrightarrow\quad \text{慣性モーメント } I \\
&\text{速度 } v = \tfrac{dx}{dt} &&\Leftrightarrow\quad \text{角速度 } \dot{\theta} = \tfrac{d\theta}{dt} \\
&\text{直線運動のエネルギー } \tfrac{1}{2}mv^2 &&\Leftrightarrow\quad \text{回転運動のエネルギー } \tfrac{1}{2}I\dot{\theta}^2 \\
&\text{力 } F &&\Leftrightarrow\quad \text{トルク（力のモーメント）} N \\
&\text{運動方程式 } m\tfrac{dv}{dt} = F &&\Leftrightarrow\quad I\tfrac{d\dot{\theta}}{dt} = N
\end{aligned}
\tag{5}
$$

7.3 剛体の慣性モーメント

前項での物体は，大きさのない物体，つまり質点（5.5項）のことであった．この項からは広がりのある物体について議論する．広がりのある物体を，無数の質点の集合だとみなして，前項までの結果を利用する．

質点系の慣性モーメント　質点が N 個あり，それぞれの質量を m_i とする（i は 1 から N までの数）．ある 1 つの直線（回転軸）O を考え，その直線までの各質点の距離を r_i とする（質点は 1 つの平面上にある必要はない．距離 r_i は，直線 O までの最短距離とする）．直線 O に対する i 番目の質点の慣性モーメントは $m_i r_i^2$ であった．この合計を，直線 O に対する質点系全体の慣性モーメントという．

質点系の慣性モーメント：　$I = m_1 r_1^2 + m_2 r_2^2 + \cdots + m_N r_N^2$

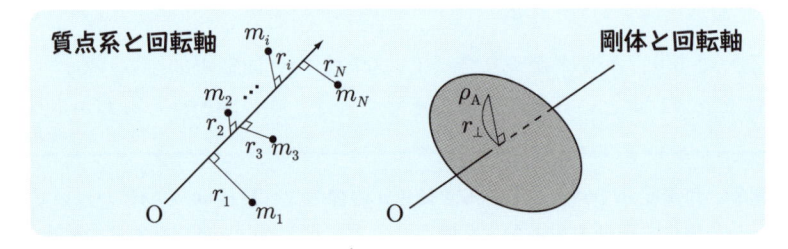

剛体の慣性モーメント　剛体とは，広がりがあり，力を加えても変形しない物体のことである．まったく変形しない物体というものは現実にはあり得ないが，議論を簡単にするために，1 つの理想的状態としてこのような物体を考える．ある直線 O に対する剛体の慣性モーメントとは，剛体の各微小部分を質点だとし，剛体全体をそのような質点の集合であると考えたときの慣性モーメントである．ただし剛体では物質は連続的につながっているので，計算式は和ではなく積分になる．位置 A での質量密度を ρ_A，その位置から直線 O までの最短距離を $r_\perp$（O におろした垂線の長さ）とすれば，

$$剛体の慣性モーメント：\quad I = \int \rho r_\perp^2 \, dV \tag{1}$$

積分は剛体全体で行う．

7.3 剛体の慣性モーメント

注 $\int f(\boldsymbol{r})dV$ とは，3次元的な領域での積分であり体積積分と呼ばれる．従来の（1次元的）積分 $\int f(x)dx$ が，和 $\sum f(x_i)\Delta x$ で Δx を0にする極限であったように，体積積分は和 $\sum f(\boldsymbol{r}_i)\Delta V$ で ΔV を0にする極限である（ただし ΔV は微小な領域の体積）．といっても，これから出てくる例では体積積分は従来の積分を使って計算できるので，特に新しい知識は必要ない． ○

課題1 剛体が，ある直線 O を回転軸として，角速度 $\dot\theta$ で回転しているときの回転運動のエネルギーを，慣性モーメント I を使って表せ．

考え方 剛体は変形しないので，ある部分が角度 $\Delta\theta$ だけ回転したとき，他のすべての部分も同じ角度だけ回転する．したがって各部分の速度は，共通の角速度 $\dot\theta$ ($=\frac{\Delta\theta}{\Delta t}$) を使って，$r_\perp \dot\theta$ と書ける．

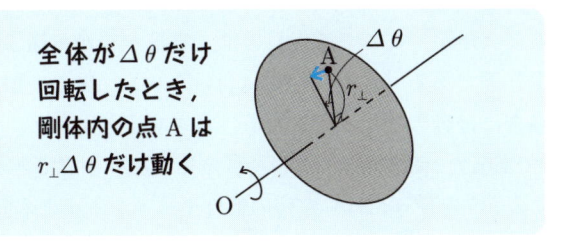

全体が $\Delta\theta$ だけ回転したとき，剛体内の点 A は $r_\perp \Delta\theta$ だけ動く

解答 体積 ΔV の微小部分を考える．そこでの質量密度を ρ とすると，その部分の質量は $\rho\Delta V$ である．したがって運動エネルギーは

$$\tfrac{1}{2}\times 質量\times 速度の2乗 = \tfrac{1}{2}\times(\rho\Delta V)\times(r_\perp\dot\theta)^2$$
$$= \tfrac{1}{2}(\rho r_\perp^2 \Delta V)\dot\theta^2$$

全運動エネルギーはこれの合計だが，$\dot\theta^2$ はすべての部分に共通であり，$(\rho r_\perp^2 \Delta V)$ の合計（積分）は剛体全体の慣性モーメント I（式 (1)）なので

$$回転運動のエネルギー = \tfrac{1}{2}I\dot\theta^2 \qquad (2)$$

式 (2) は，前項式 (5) の質点の回転運動のエネルギーと同じ形である．

7.4 棒の振り子

剛体でも質点でも，回転運動のエネルギーは同じ形になることがわかった（前項式 (2)）．剛体の回転運動の方程式も同じになり

$$I\frac{d\dot{\theta}}{dt} = N \quad (あるいは I\frac{d^2\theta}{dt^2} = N) \tag{1}$$

この式を使って解く具体的な問題として，「実体振り子」（「物理振り子」ともいう）と呼ばれるものを考えてみよう．これは水平な直線 O を回転軸として，それにぶらさがった剛体が前後に自由に振れるようになっているものだが，そのうちでも最も基本的な，一様な太さをもつ棒でできた振り子を考える．

これまで振り子と言えば，質量のない棒の先端に大きさのない物体（質点）を付けたものだったが，ここで考えるのは，質量が端から端まで一様に分布している棒の振り子である（先端に物体は付けない）．質点の振り子の場合，振れが小さい場合には動きは単振動になり，長さを l とすると，その角振動数 ω は $\omega = \sqrt{\frac{g}{l}}$ であった（6.5 項）．同じ長さの棒の振り子ではどうなるだろうか．

この問題に式 (1) を使うには，左辺の慣性モーメント I と右辺のトルク N の計算から始めなければならない．

課題 1　（棒の慣性モーメント）長さ l，質量 M の一様な棒を考える．その一方の端 O を通る，棒と直交する回転軸に対する慣性モーメント I を求めよ．

考え方　もし棒自体には質量がなく，O と反対側の端に質量 M の質点が付いている場合には，慣性モーメントは Ml^2 である．それと比較してみよ．

解答　端 O から距離 x の位置にある微小部分 Δx の質量は，全体の $\frac{\Delta x}{l}$ 倍，つまり $M\frac{\Delta x}{l}$ である（右ページ左図）．したがってその部分の慣性モーメントは

$$慣性モーメント = 質量 \times 距離^2 = M\frac{\Delta x}{l} \times x^2 = \frac{M}{l}x^2\Delta x$$

棒全体では，これを端から端まで合計（積分）して

$$I_{棒全体} = \sum \frac{M}{l}x^2\Delta x = \frac{M}{l}\int_0^l x^2 dx = \frac{1}{3}Ml^2$$

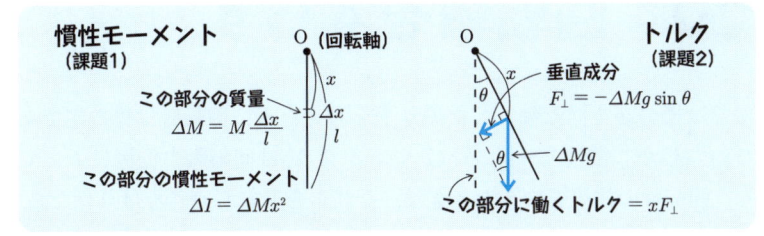

7.4 棒の振り子

慣性モーメント（課題1）
O（回転軸）
この部分の質量 $\Delta M = M \dfrac{\Delta x}{l}$
この部分の慣性モーメント $\Delta I = \Delta M x^2$

トルク（課題2）
垂直成分 $F_\perp = -\Delta M g \sin\theta$
$\Delta M g$
この部分に働くトルク $= x F_\perp$

次に，重力によるトルクを計算する．力が 1 か所にしか働いていなければ，「トルク = 回転軸からの距離 × 力の回転方向の成分」という公式ですぐに得られるが，質量は棒全体に分布しているので，重力は棒のいたる所に働いている．それらの効果の合計（積分）を計算しなければならない．

課題 2（棒に働くトルク）課題 1 と同じ棒の振り子を考える．上図のような状態（傾きの角度 θ）のとき，重力がこの棒に及ぼすトルク N を求めよ．

解答 微小部分 Δx に働くトルクは

$$\text{トルク} = \underbrace{(-M\tfrac{\Delta x}{l} g)}_{\text{重力の大きさ}} \times \underbrace{\sin\theta}_{\text{運動方向への射影}} \times \underbrace{x}_{\text{回転軸までの距離}} = -(Mg\tfrac{\sin\theta}{l}) x \Delta x$$

右方向をプラスと考え，力にマイナスを付けた．棒全体に働くトルクは，これを $x=0$ から l まで合計（積分）すればよい．

$$N_{\text{棒全体}} = -(Mg\tfrac{\sin\theta}{l})\int_0^x x dx = -(Mg\tfrac{\sin\theta}{l})\tfrac{1}{2}l^2 = -\tfrac{1}{2}Mgl\sin\theta$$

これらを式 (1) に代入する．

$$\tfrac{1}{3}Ml^2 \dfrac{d^2\theta}{dt^2} = -\tfrac{1}{2}Mgl\sin\theta$$

質点の振り子の場合と同様に（6.5 項），振れが小さいとして $\sin\theta \fallingdotseq \theta$ とすれば

$$\dfrac{d^2\theta}{dt^2} = -\omega^2 \theta \quad \text{ただし} \quad \omega = \sqrt{\dfrac{3g}{2l}} = \sqrt{\dfrac{g}{(\tfrac{2l}{3})}}$$

となる．長さが $\tfrac{2l}{3}$ の質点の振り子と同じ振動をすることがわかる．

7.5 回転軸をずらす

　前項では棒の端を回転軸とした振り子を考えたが，回転軸は棒の端である必要はない．しかし慣性モーメント I やトルク N は回転軸の位置によって変わるので，回転軸の位置を変えたときは，それらを計算し直さなければならない．その意味で剛体の運動には面倒なことが多いのだが，幾つかの便利な公式があり，場合によっては簡単に結果が得られる．

課題 1　長さ l，質量 M の一様な棒を考える．棒の中心（重心）から d だけ離れた位置を回転軸としたときの慣性モーメント（$I(d)$ と書く）を求めよ．

考え方　慣性モーメントの公式通りに計算してみる．回転軸の両側それぞれで計算し，足せばよい．

解答　前項の式をそのまま使えばいい．ただし，積分の範囲が変わる．

$$
\begin{aligned}
I(d) &= I_{\text{回転軸の上側}} + I_{\text{回転軸の下側}} \\
&= \tfrac{M}{l}\left\{\int_0^{l/2-d} x^2 dx + \int_0^{l/2+d} x^2 dx\right\} \\
&= \tfrac{1}{3}\tfrac{M}{l}\left\{\left(\tfrac{l}{2}-d\right)^3 + \left(\tfrac{l}{2}+d\right)^3\right\} \\
&= \tfrac{Ml^2}{12} + Md^2
\end{aligned}
$$

$d = \tfrac{l}{2}$ のときは前項の結果（$\tfrac{1}{3}Ml^2$）と一致する．

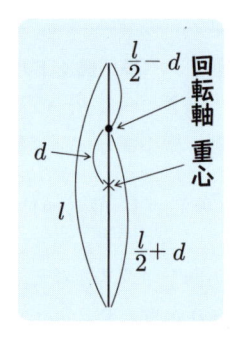

　最後の式に注目しよう．回転軸を棒の真ん中つまり重心に置いた場合（$d=0$），上式より $I(0) = \tfrac{Ml^2}{12}$ なので

$$I(d) = I(0) + Md^2$$

と書ける．この式を言葉で表すと，

「回転軸が重心から d だけ離れているときの慣性モーメント（$I(d)$）」
＝「それと平行な，重心を通る回転軸に対する慣性モーメント（$I(0)$）」
＋「全質量が重心に集中しているとしたときの慣性モーメント（Md^2）」

7.5 回転軸をずらす

となる．上の問題では一様な棒の場合にだけこのことを計算で示したに過ぎないが，どのような剛体であってもこの関係が成り立つ（**平行軸の定理**と呼ばれる）．つまり回転軸 O が剛体の重心を通っているときだけ慣性モーメントを計算し，O が重心から d だけ離れているときは，Md^2 を足せばよい．

力が重力の場合，トルクについても重心と関係した，役に立つ定理がある．

> **課題 2** 課題 1 と同じ棒と，同じ位置の回転軸を考える．傾きの角度が θ のとき，重力がこの棒に及ぼすトルク（$N(d)$ と書く）を求めよ（下図参照）．
> **解答** これも前項の公式を使えるが，回転軸の両側ではトルクの方向が逆なので，引き算になる．
>
> $$N(d) = N_{\text{回転軸の斜め上側}} + N_{\text{回転軸の斜め下側}}$$
> $$= (Mg\tfrac{\sin\theta}{l})\{\int_0^{l/2-d} x\,dx - \int_0^{l/2+d} x\,dx\} = -Mgd\sin\theta$$

これは，「全質量が重心にある」として計算したトルクに等しい．これも，あらゆる物体に対して成り立つ定理である（付録 C）．

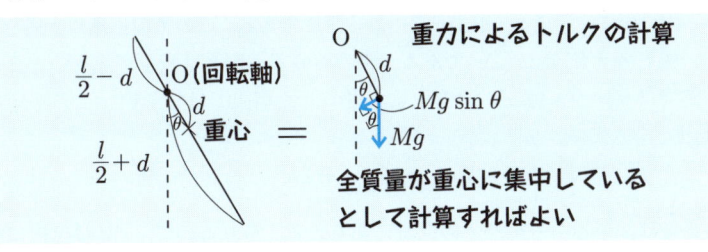

以上の結果を組み合わせると，回転軸がずれている場合の棒の振り子の運動方程式が得られ，

$$I(d)\frac{d^2\theta}{dt^2} = -Mgd\sin\theta$$

振れが小さい場合には単振動になるが，角振動数は

$$\omega^2 = \frac{Mgd}{I(d)} = \frac{gd}{\frac{l^2}{12}+d^2}$$

となる．ω が最大，つまり振動が一番速くなるときの回転軸の位置は

$$d = \tfrac{l}{2\sqrt{3}} \fallingdotseq 0.29l \;(\text{端からは約}\, 0.21l)$$

7.6 滑車の運動

棒の次に簡単な剛体の例として円板を考える．回転軸は円板の中心を貫いているとする．円板には厚さがあり，円柱であってもよい．

> **課題1** （円板の慣性モーメント）半径 a，全質量 M の，質量が一様に分布した円板の，中心軸を回転軸にしたときの慣性モーメント I を求めよ．
>
> **考え方** 円を，図のように幅の狭い帯に分け，それぞれの帯の慣性モーメントを加える．円板に厚みがある場合には，帯にも同じ厚みがあると考える．
>
> 帯の面積 $= \underbrace{2\pi r}_{\text{(円周)}} \times \underbrace{\Delta r}_{\text{(幅)}}$
>
> 参考：帯の面積を足すと円の面積になる
> $$\int_0^a 2\pi r\, dr = 2\pi \cdot \frac{a^2}{2} = \pi a^2$$
>
> **解答** 円の中に，半径 r，幅 Δr の円形の帯を考える．この帯の面積は，長さ（円周）×幅と考えれば $2\pi r \Delta r$ である．帯の内側と外側とは長さが違うのでこの式は厳密ではないが，幅 Δr を無限に小さくした極限では正しい．この部分の質量は
>
> $$\text{帯の質量} = \text{全質量} \times \frac{\text{帯の面積}}{\text{円板の面積}} = M \times \frac{2\pi r \Delta r}{\pi a^2} = \frac{2M}{a^2} r \Delta r$$
>
> この質量は，中心から距離 r の位置にあると考えられるので（Δr は無限に小さいとする），その慣性モーメントは，質量×距離^2 より
>
> $$\text{帯の慣性モーメント} = \frac{2M}{a^2} r \Delta r \times r^2 = \frac{2M}{a^2} r^3 \Delta r$$
>
> 円板全体の慣性モーメントはこれの和だから
>
> $$I = \sum \frac{2M}{a^2} r^3 \Delta r \to \int_0^a \frac{2M}{a^2} r^3 dr = \frac{2M}{a^2} \times \frac{1}{4} a^4 = \frac{1}{2} M a^2$$

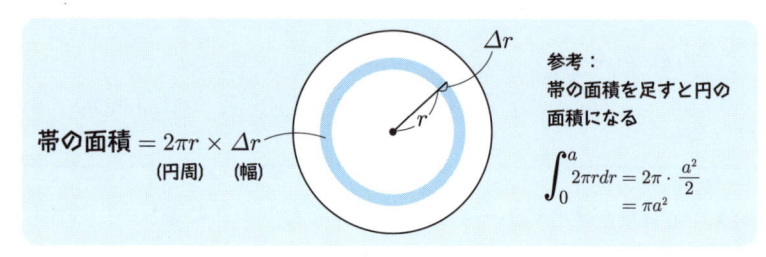

すべての質量が円板の端に集中していたとすれば，慣性モーメントは Ma^2 である．同じ質量の円板でも質量の分布によって慣性モーメントは変わる．

7.6 滑車の運動

課題2 （滑車の回転）固定された中心軸のまわりを円板が自由に回転するようになっている（定滑車）．この円板に，滑らないようにヒモを巻き付け，一方を垂らして質量 m の物体をぶら下げる．この物体の落下の加速度を求めよ．ただし円板の半径を a，慣性モーメントを I とし，ヒモの質量は無視できるものとする．

考え方 物体は重力によって加速されるが，同時に円板の回転も加速しなければならないので，それにエネルギーが必要であり，物体の加速度は自然落下の場合の g よりも小さくなる．

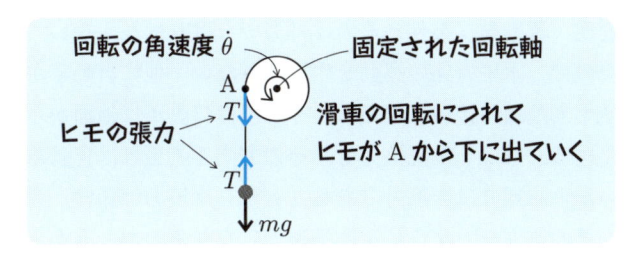

解答 ヒモは円板に巻き付いているが，巻き付いている部分は円板と一体になっていると考え，図の A 点から下の物体までの部分だけを「ヒモ」と呼ぶことにする．ヒモの張力の大きさを T とする．つまりヒモは A 点で円板を，T の力で下方に引っ張り，物体を T の力で上方に引っ張る．

円板に働く重力のトルクは，左右対称なので打ち消し合ってゼロになり，張力によるトルクは aT だから，円板の回転運動の方程式は

$$I\frac{d\dot{\theta}}{dt} = aT \quad \text{書き直すと} \quad \frac{I}{a^2}\frac{d(a\dot{\theta})}{dt} = T$$

また物体の速度（下向きをプラスとする）v が満たす運動方程式は

$$m\frac{dv}{dt} = mg - T$$

T の分だけ加速度は減る．上の2式を組み合わせるには，A 点でヒモが円板から出ていく速さと，物体の落下速度は同じであること，つまり $a\dot{\theta} = v$ を使う．これを使って上の2式を足し合わせれば

$$(m + \frac{I}{a^2})\frac{dv}{dt} = mg$$

すなわち 加速度 $(\frac{dv}{dt}) = \frac{m}{m+\frac{I}{a^2}}g \ (< g)$.

7.7 自動車を動かす力

　自動車は何の力によって動くのだろうか．エンジン（あるいはモーター）が作用しているのは間違いないが，それでは完全な答えにはならない．静止している物体は，外力が働かなければ動き出さない（運動量保存則…5.5項）．エンジンは自動車内部の機構だから，それが生み出す力は自動車内部で働く内力であり，作用と反作用が打ち消し合って自動車全体を動かす力にはなれない．

　自動車に速度（運動量）を与えるのは外力でなければならない．しかし重力は鉛直方向なので，水平方向の運動を生み出さない．他に自動車が外力を受けるのは，タイヤと地面の接触点である．そこでは自動車は地面から，垂直抗力と摩擦力を受ける．しかし垂直抗力も，その方向を考えれば自動車の推進力にはなりえないから，残りは摩擦力である．しかし摩擦力は通常，運動を妨げる方向に働く．そのような力が自動車の推進力になれるのだろうか．

　その答えは，タイヤの動きを考えればわかる．摩擦のない面（たとえば氷の面）に自動車を置き，エンジンをかけたとしよう．タイヤは回転を始めるが，摩擦がないので空回りの状態になる．空回りすれば，タイヤの，氷の面と接触している箇所（下図のA）は後ろに動く．後ろに動くのだから，摩擦力がある場合には，それは前向きになる．結局，自動車は摩擦力を推進力として動き出すことがわかる（もちろんタイヤを回転させるのはエンジンであり，それがエネルギー源になっているというのは間違いではないが）．

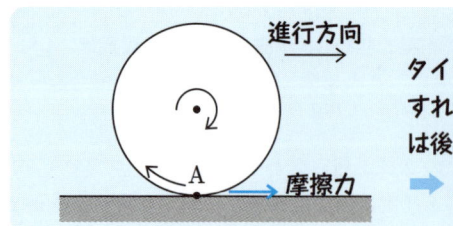

　タイヤが空回りせずに自動車が動いているときのタイヤの動きを詳しく調べてみよう．まず，ある時刻でタイヤのA点が地面のA′点に接しており，ある微小時間後には，タイヤのB点が地面のB′点に接していたとする（右ページの図）．タイヤが滑らずに転がっているとすれば，弧ABの長さはA′B′の長さ

7.7 自動車を動かす力

(x とする) に等しい．回転角を θ，タイヤの半径を a とすれば

$$a\theta = x$$

である．また，タイヤの中心は常に，地面との接点の真上にある．つまり x とは，タイヤが A から B まで回転した時の中心 O の移動距離でもある．そして θ と x の間には上記の関係があるので，中心が前に進む速度（v）はタイヤの回転の角速度（$\dot{\theta}$）と

$$a\dot{\theta} = v \tag{1}$$

という関係にあることになる．

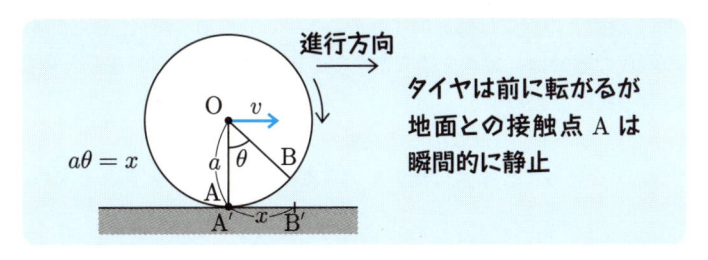

上の式は，タイヤの地面との接点は，接している瞬間にはまったく動いていないことを意味する．実際，上図の A 点は，地面に接している瞬間には，中心に対して $a\dot{\theta}$ の速さで後方に動いている．しかし中心自体は前方に速度 v で動いている．そして式 (1) の関係があるのでそれらは打ち消し合い，A 点は瞬間的に静止状態になる．

つまり，タイヤの地面との接点は常に静止状態にあり，摩擦力は力積は与えるが仕事はしない（仕事＝力×移動距離なので）．自動車に前向きの運動量を与えるのは摩擦力だが，自動車に仕事をして運動エネルギーを与えるのは摩擦力ではなく，タイヤを回転させるエンジンの力である．

参考 厳密に言うと，自動車が加速するときタイヤはわずかに滑っている．つまり接点は地面に対してわずかに後ろにずれており，また摩擦力は前向きなので，摩擦のする仕事はマイナスである．つまり摩擦により自動車の運動エネルギーはわずかに減り，その分，タイヤや地面に熱エネルギーが発生する． ◯

7.8 斜面を転がる円板

　斜面を転がる円板（タイヤでも円柱でもよい）を考えよう．転がす原動力は重力だが，単なる落下運動ではなく回転運動が絡む．転がり落ちている場合も，逆に勢いで登っている場合もあるが，式は同じである．ここでは落ちる方向をプラスとして式を書くことにする．

課題 1 半径 a，質量 M，中心軸に対する慣性モーメントが I の円板が，角度 ϕ（ギリシャ文字，ファイ）の斜面を滑らずに転がっている．その運動について，次の質問に答えよ．
(a) 円板と斜面との接点は瞬間的に静止している（前項参照）．したがって，その瞬間の円板の運動は，接点を通る水平線を固定軸とする回転運動とみなせる．その運動の方程式を求めよ．
(b) その方程式から，円板の中心の運動を求めよ．
(c) その結果を使って，接点に働いている摩擦力の向きと大きさを求めよ．

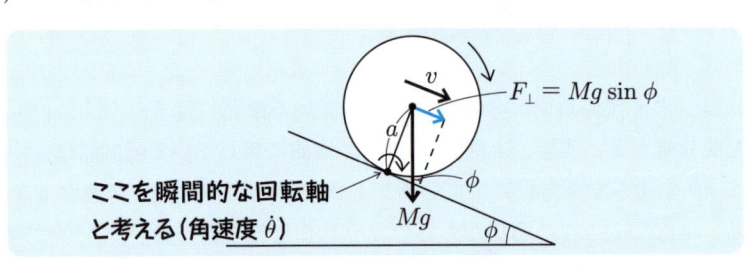

図：$F_\perp = Mg\sin\phi$、Mg、v、a、ϕ
ここを瞬間的な回転軸と考える（角速度 $\dot\theta$）

考え方 この解法では，回転軸は中心軸ではなく円板の端（接点）にある．そこを回転軸としたときの慣性モーメントは，7.5 項で説明した定理により $I + Ma^2$ となる．また，摩擦力は接点を通っているので，接点を回転軸と考えたときはトルクに寄与しない（回転軸との距離が 0）．トルクをもたらすのは重力だけである．

解答 (a) 7.5 項の説明より，重力によるトルクは，円板の中心に全質量 M が集中しているとして計算すればよく，

$$\text{重力によるトルク} = Mg\sin\phi \times a$$

慣性モーメントについてはすでに説明したので，回転の運動方程式は

7.8 斜面を転がる円板

$$(I + Ma^2)\frac{d\dot{\theta}}{dt} = Mg \sin\phi \times a \tag{1}$$

となる．ただし $\dot{\theta}$ は，接点 A から見たときの，円板の中心の角速度であり，右回りのときにプラスとする（これは逆に，中心から見たときの A の角速度でもあるが，このことはここでは使わない）．

(b) 中心の速さを v とすれば（右方向つまり斜面の下り方向をプラス）$v = a\dot{\theta}$ なので，式 (1) は

$$\text{中心の加速度：} \quad \frac{dv}{dt} = \frac{Ma^2}{I + Ma^2} g \sin\phi \tag{2}$$

つまり，右辺を加速度とする等加速度運動である．質点（$I = 0$）ならば加速度は $g \sin\phi$ であり，I がある分だけ加速度が減っている．たとえば質量が一様に分布している円板だったら，$I = \frac{1}{2}Ma^2$ だから，加速度は $\frac{2}{3}$ になる．加速すると同時に回転も速くなる，つまり回転運動のエネルギーも増やさなければならないので，加速しにくいのである（章末問題 7.13）．

(c) 円板全体の斜面方向の運動の方程式は，下り方向をプラスとすれば

$$M \frac{dv}{dt} = \text{重力の斜面方向の成分} + \text{摩擦力}$$
$$= Mg\sin\phi + \text{摩擦力}$$

式 (2) を使えば

$$\text{摩擦力} = \left(\frac{Ma^2}{I + Ma^2} - 1\right) Mg \sin\phi$$
$$= -\frac{I}{I + Ma^2} Mg \sin\phi$$

マイナスということは，摩擦力は斜面上向きということである．これは v の符号には依存しない．つまり円板が上に転がっているときも下に転がっているときも，摩擦力は上向きである（その結果，より高く上昇し，より遅く落下する）．

この解答では回転軸を円板の端に取った．そこが瞬間的であっても静止しているからである．円板は，端ではなく中心を回転軸として転がっていると見るほうが普通なのだが，この見方では回転軸が動いており，そのような場合の方程式はまだ説明していない．結論だけ言えば，回転軸が物体の重心を通っている場合に限って，軸が動いていても，「$I\frac{d\dot{\theta}}{dt} = N$」という方程式が成立する（この見方での解法は，章末問題 7.14 を参照）．

7.9 面積速度

　たとえば太陽の周りを回る地球や惑星の場合，軌道は完全な円ではなく楕円である．広がりのある物体の場合でも，回転している間に変形することもある（たとえばフィギュア・スケーターが回転中に手を縮める）．このような場合でも成り立つ，適用範囲の広い回転運動の方程式を考えよう．

　質量 m の質点 1 つが，ある平面上を動いているとする．この平面上に一点 O を決め（ここを回転の中心とみなす），時刻 t でのこの質点の O からの距離を $r(t)$（あるいは単に r）と書き，それに働いている力を F とする．r が一定の場合には O を中心とする円上の運動であり，運動の方程式は

$$I\frac{d\dot{\theta}}{dt} = N \tag{1}$$

であった．ただし $I = mr^2$，$N = rF_\perp$ である（7.2 項）．r が一定ならば，式 (1) で r を微分の中に入れてよく（付録 B），m もついでに入れると

$$\frac{d(mr^2\dot{\theta})}{dt} = N \tag{2}$$

となる．では r が一定ではないとき，正しいのは (1) と (2) のどちらだろうか．

　正解は式 (2) である．課題 2 でそのことを簡単な実例で示すが，その前に，式 (2) に出てくる $r^2\dot{\theta}$ という量がもつ幾何学的な意味を説明しておこう．

課題 1　物体が，微小時間 Δt の間に，下図の P から Q まで動いた．ある点 O から見たときの，2 点の角度のずれを $\Delta\theta$ とする．OPQ の面積 ΔS を求めよ．ただし OP $= r$ とし，また Δt, $\Delta\theta$ などは小さいとした近似計算でよい．

考え方　PQ の長さは OP と比べて微小なので，OQ $\simeq$ OP $= r$ とする．

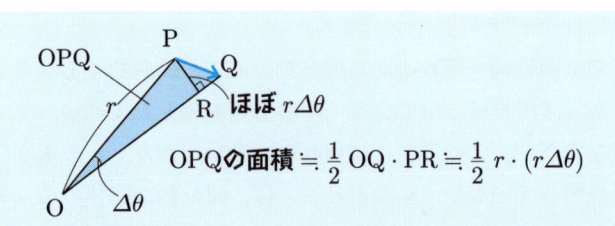

OPQ の面積 $\simeq \frac{1}{2}$ OQ $\cdot$ PR $\simeq \frac{1}{2} r \cdot (r\Delta\theta)$

（ほぼ $r\Delta\theta$）

7.9 面積速度

解答 P から OQ に下ろした垂線の足を R とする. $\Delta S = \frac{1}{2} \text{OQ} \cdot \text{PR}$ である. $\Delta\theta$ は小さいので,PR の長さは,OP を半径とする弧の長さとほぼ同じであり (付録式 (B8) の第 4 項より),$\text{PR} \fallingdotseq r\Delta\theta$. したがって $\Delta S \fallingdotseq \frac{1}{2} r^2 \Delta\theta$.

ΔS は,物体が動いたときの,O と結んだ線が描く図形の面積だが,単位時間当たりに換算した大きさ ($\frac{\Delta S}{\Delta t}$) を,この物体の (O を基準としたときの) **面積速度**という.上の問題の答えより ($\dot{\theta} = \frac{\Delta \theta}{\Delta t}$ なので)

$$\text{面積速度：} \quad \frac{\Delta S}{\Delta t} = \frac{1}{2} r^2 \dot{\theta}$$

式 (2) で微分されるものが面積速度であるという見方で次の問題を解こう.

課題 2 質点が力を受けず ($F = 0$ つまり $N = 0$),O を通らない直線上を一定の速度 v で動いている.この運動は式 (2) を満たすことを示せ.

考え方 点 O から見た質点の方向,つまり角度は刻々と変わっているという意味でこの直線運動は回転運動である.$N = 0$ なので,この運動の面積速度が一定であることを示せば,式 (2) が成り立つことになる.

解答 質点が微小時間 Δt の間に P から Q まで動いたとする.$\text{PQ} = v\Delta t$ であり,OPQ の面積は,PQ を底辺だと考えると,$\Delta S = \frac{1}{2} r_0 v \Delta t$ である (r_0 は O から直線までの距離).したがって面積速度は,

$$\frac{\Delta S}{\Delta t} = \frac{1}{2} r_0 v$$

等速運動ならば v は一定なので,面積速度は一定.

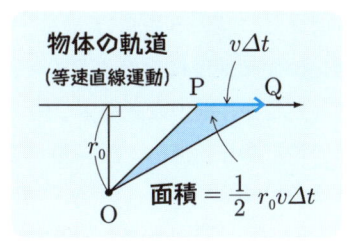

上の例では点 O からの距離 r は刻々と変わっている.そのとき式 (2) (ただし $N = 0$) が成り立つことがわかった.一般の場合でも式 (2) は成り立つが,その証明はやや複雑なので付録 C に記すことにする.

7.10 角運動量とその保存則

基準点から質点までの距離が変化する場合の回転の運動方程式は
$$\frac{d(mr^2\dot{\theta})}{dt} = N$$
であることを説明した．左辺の括弧の中は「面積速度 $\times 2m$」だが，その全体を（点 O を基準とした）角運動量とよび，通常，L と記す．

$$\text{角運動量（質点の場合）：} \quad L = mr^2\dot{\theta} \tag{1}$$

一般的には広がりをもった物体を含め，慣性モーメント I を使って

$$\text{角運動量：} \quad L = I\dot{\theta}, \qquad \text{運動方程式：} \quad \frac{dL}{dt} = N \tag{2}$$

と書ける（付録 C）．

この運動方程式は言葉で表すと，「角運動量の変化率はトルク（力のモーメント）N に等しい」となる．通常の運動方程式 $\frac{dp}{dt} = F$（5.1 項）が，「運動量の変化率は力 F に等しい」と表現できることに対応する．

通常の運動方程式の場合，F（系全体に働く力の合力）$= 0$ ならば $p =$ 一定となる．運動量保存則（慣性の法則の拡張版）である（5.5 項）．角運動量の場合も同様に，$N = 0$ ならば $L =$ 一定となる．これを**角運動量保存則**という．角運動量は面積速度に比例するので，**面積速度一定の法則**ということもできる．

角運動量保存則の最も簡単な例が，前項の等速直線運動であった．力が働いていないのだから，当然，$N = 0$ になる．しかし $N = 0$ になるためには，$F = 0$ である必要はない．トルク N は基準点の方向に対して「垂直」な力 $F_\perp$ に比例するので，常に力が基準点の方向を向いていれば $N = 0$ になる．力が中心方向を向いているという意味で，このような力を**中心力**という．たとえば等速円運動を考えてみよう．円の中心が基準点 O だとすれば，r が一定で等速（角速度 $\dot{\theta}$ が一定）なのだから角運動量（式 (1)）も一定である．等速円運動では向心力が働いているが，その力は O の方向を向くので中心力であり $N = 0$ である．

惑星の軌道は正確な円ではない．しかし太陽の位置を基準点だとすると，太陽による万有引力は中心力であり，したがって，面積速度は一定でなければならない．つまり，同じ時間に，惑星と太陽を結ぶ線が描く図形は，面積が等し

7.10 角運動量とその保存則

い．これはケプラーが天体観測の結果から発見した法則で，ケプラーの第2法則と呼ばれている．

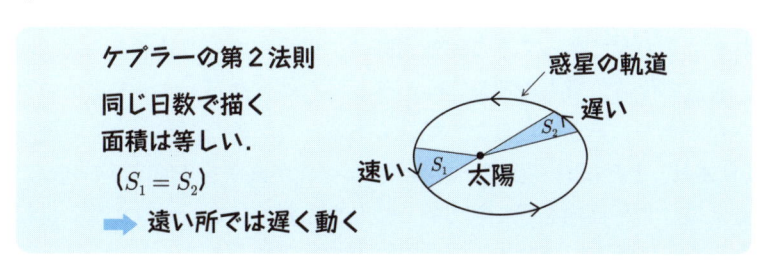

> **ケプラーの第2法則**
> 同じ日数で描く面積は等しい．
> $(S_1 = S_2)$
> ⟹ 遠い所では遅く動く

この法則が成立する理由が，惑星が，太陽の方向を向く力（中心力）を受けて運動しているからであると説明したのはニュートンであった（17世紀末）．その当時，惑星は，宇宙空間に充満している何かによって押されて動いているという考え方が強かったのだが，それに対して彼は，太陽と惑星の間の力（万有引力）が惑星の運動の原因であると主張したのである．

角運動量保存則は剛体の場合でも役立つ．これまであげた例からもわかるように，質量が同じなら，慣性モーメントはおおざっぱに，物体のサイズ（長さ）の2乗に比例する．したがって，物体のサイズが変化するときに外力によるトルクが働いていなければ，角速度はサイズの2乗に反比例して変化する．

有名な例はフィギュア・スケーターのスピンである．横に伸ばした手を回転しながら縮めていくと回転速度は速くなる．$L = I\dot{\theta} = $ 一定なので，I が小さくなると $\dot{\theta}$ が大きくなるためである．このとき，回転運動のエネルギー $\frac{1}{2}I\dot{\theta}^2$ ($= \frac{1}{2I}L^2$) は増えている．手を縮めるときには力がいるが，それによる仕事の分だけエネルギーが増える．

宇宙には，中性子星と呼ばれる，極めて高速で回転している，質量は大きいが非常に小さな星がある．大きさは半径数キロメートルしかなく，1秒に数百回も回転している．これは，太陽のような星が燃え尽きて温度が冷え，内部の圧力が減り，自分自身の重力のために収縮を起こして誕生する星である．太陽自体は1ヵ月に1回転程度の自転をしているが，半径は10の9乗メートルほどである．これが10万分の1程度のサイズに収縮すれば，角運動量保存則より，回転速度はその2乗だけ増えるので（周期はその2乗だけ減る），1秒に数百回の自転になることがわかる．

7.11 角運動量ベクトル

　これまでこの章で扱ってきた回転運動は，平面内での運動であった．回転の中心，質点の位置，質点の運動方向，そして力の方向が，すべて1つの平面内にあった．しかしそうはならない場合もある．典型的な例が，コマの**歳差運動（首振り運動）**と呼ばれる現象である．もしコマが直立して回っていれば，コマの各点は1つの平面内を回転している．しかし斜めになったコマは，自転するばかりでなく，軸が円運動をする．これが歳差運動である．

歳差運動（首振り運動）
傾いたコマは
充分速く回っていれば
倒れずに軸の方向が
回転する

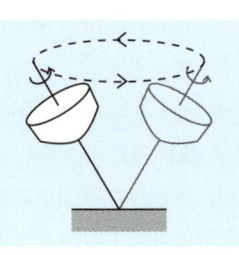

　このような運動を理解するために，まず角運動量の方向というものを定義する．角運動量 L の方向とは，大雑把にいえば，各時点での回転軸の方向である（方向がずれることもあるが，ここではこの程度の理解で十分である）．1つの平面上を動く質点の場合には，この平面に直角な方向が L の方向である．傾いて歳差運動しているコマの場合には，L の向き自体が回転している．

角運動量 L の方向

トルク N の方向

OA にも
力の方向にも
垂直

　次に，トルク N の方向を定義しよう．$\frac{dL}{dt} = N$ という式が，方向も含めて成り立つように定義する．これまで扱ってきた平面内での運動だったら，L も，そしてその変化率 $\frac{dL}{dt}$ も，その平面に直角な方向である．したがって N もその方向を向いていなければならない．また N の大きさは，力と，その作用点までの距離で決まるので，方向もそれらの量を使って定義する．まず，力が1か所だけに働いている場合，力のベクトルと，基準点からその力の作用点に向くベクトルという2

7.11 角運動量ベクトル

つのベクトルによって決まる平面を考え，それに垂直な方向をトルク N の方向と定義する．力が複数ある場合には，それぞれのトルクをベクトル的に足し合わせる．

方向まで考えれば L も N もベクトルになるので，$\boldsymbol{L}$, $\boldsymbol{N}$ と太文字で表す．通常の運動量ベクトルについては，$\frac{d\boldsymbol{p}}{dt} = \boldsymbol{F}$ という，両辺がベクトルの式が成り立つ．同様に回転運動についても

$$\frac{d\boldsymbol{L}}{dt} = \boldsymbol{N} \tag{1}$$

というベクトルの式が成り立つ（証明は付録 C 参照）．

この式の左辺を微小量の比率 $\frac{\Delta \boldsymbol{L}}{\Delta t}$ とみなせば，

$$\Delta \boldsymbol{L} = \boldsymbol{N} \Delta t \tag{2}$$

である．$\Delta \boldsymbol{L}$ は，微小時間 Δt の間に，角運動量ベクトル $\boldsymbol{L}$ がどれだけ変化するかを表している．そしてそれが $\boldsymbol{N}$ に比例するというのが，式 (2) である．したがって $\boldsymbol{L}$ の方向と $\boldsymbol{N}$ の方向が違えば，$\boldsymbol{L}$ の方向は時間とともに変化することになる．これがまさに，コマの歳差運動で起きていることに他ならない．

> **課題 1** コマが傾いているときの，重力によるトルクの方向を求めよ．ただし基準点は，コマの先端が床に付いている位置だとする．
> **考え方** 重力の作用点はコマの重心だとすればよい（7.5 項）．
> **解答**
>
> トルクの方向 / A
> トルクは水平方向，向こう向き
> （OA を含む鉛直平面に垂直）
> 重力
> O

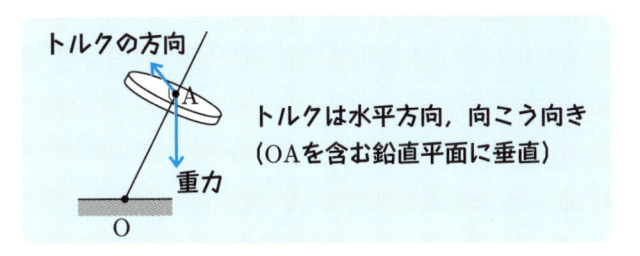

この問題の結果から，コマの回転軸は，回転軸と直角で水平な方向に変化することがわかる．重力は下向きなのにコマは水平方向に動くというのが面白い（コマと床との接触点に上向きの力が生じており，それとコマの回転が組み合わさって，倒れるのを防いでいる）．

復習問題

以下の [ ] の中を埋めよ（解答は 146 ページ）．

□**7.1** 同じ角度の回転でも，遠方であるほど移動距離は長くなる．移動距離が長くなれば，同じ仕事を得るにも [①] は小さくてすむ．このことが [②] の原理の背景にある．

□**7.2** 速度の変化率は力によって決まるが，回転の [③] の変化率は [④] によって決まる．

□**7.3** 直線運動の運動方程式の質量に対応するものが，回転運動の運動方程式では [⑤] である．[⑤] は，質量に，回転軸からの距離の [⑥] を掛けたものである．回転運動のエネルギーも，角速度と [⑤] によって表される．

□**7.4** 慣性モーメントは，同じ物体でも回転軸の取り方によって変わる．回転軸が物体の [⑦] を通るときが一番小さく，軸をずらしたときの慣性モーメントの変化は，[⑧] の定理を使ってすぐに計算できる．

□**7.5** 半径 a の，質量 M が周囲だけに集中している車輪の，中心軸を回転軸としたときの慣性モーメント I は [⑨] である．同じ大きさ，同じ質量の，一様な円板の場合は $I =$ [⑩] になる．回転軸をこの円板の端に移動した場合には，$I =$ [⑪] である．

□**7.6** 重力によるトルクは，物体のすべての質量がその [⑫] に集中しているとして計算すればよい．

□**7.7** 一般に剛体の運動は，重心の動きと同時に回転の速さも考えなければならない．重心の動きによる運動エネルギーの変化と同時に，[⑬] 運動のエネルギーの増減が起こる．

□**7.8** 力がゼロならば運動量は保存し，トルクがゼロならば [⑭] は保存する．力がゼロではなくても，力の方向が回転軸を向いていればトルクはゼロになる．このような力を [⑮] と呼ぶ．たとえば惑星の運動を太陽の周りの回転とみなせば，太陽による万有引力は [⑮] であり，トルクはゼロである．これが，ケプラーの第2法則（[⑯] 一定の法則）が成り立つ理由である．

□**7.9** 回転軸の方向が変化する運動では，角運動量やトルクを [⑰] として扱わなければならない．トルクの方向が回転軸の方向と異なる場合，回転軸は [⑱] に傾く．コマの [⑲] 運動がその例である．

応用問題

□**7.10** 壁に棒がたてかけてある．A 点には垂直抗力 N_1 が，B 点には垂直抗力 N_2 と摩擦力 f が働いているとする．それらの力を，以下のつり合いの条件を書き下して求めよ．
(a) 鉛直方向の合力がゼロという条件
(b) 水平方向の合力がゼロという条件
(c) B 点を基準とするトルクがゼロという条件（7.1 項のコラムの式で計算するとよい）

また，これらの条件が満たされているとき，A 点を基準とするトルクがゼロという条件は満たされていることを確かめよ．

注：この問題では A 点には摩擦力は働いていないとした．ここに何らかの摩擦力が働いている場合には，他の力もそれに応じて変わる．実際にどうなっているかは，棒を立てかけたときの手順など，さまざまな要因によって変わる．

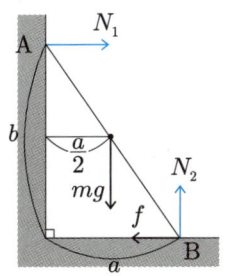

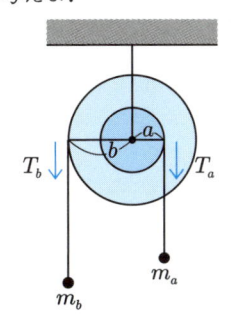

□**7.11** 半径が a と b の 2 枚の円板を張り付けた定滑車（慣性モーメント I）に，それぞれ質量 m_a と m_b の物体をぶら下げる．滑車および物体はどのような運動をするか．滑車の角速度（$\dot{\theta}$），およびそれぞれの物体（速度を v_a, v_b とする）に対する方程式を下図を参考にして考えよ．

第7章　回転運動と剛体

☐**7.12** 一様な，質量 M，半径 a の円板の，中心から d $(< a)$ だけ離れた位置を支点とする振り子を作る．振動がもっとも速くなる d を求めよ．

☐**7.13** 7.6項の課題2で，物体が落下したとき，位置エネルギーの減少分よりも運動エネルギーの増加分のほうが小さい．その差が滑車の回転運動のエネルギーになっていることを確かめよ．

☐**7.14** 7.8項の斜面を転がる円板で，円板の中心を回転軸とみなしても，回転運動の方程式 $I\frac{d\dot\theta}{dt} = N$ が満たされていることを確かめよ．

☐**7.15** 走っている自転車を右に傾けると，自転車は倒れるのではなく右に曲がる．そのことを次のように考えよ（いずれも 7.11 項の図の矢印の向きを見ながら考えよ）．
(a) 右に傾けた状態で，前輪の回転軸はどちらを向いているか．
(b) 前輪と地面との接触点 O（を通る水平線）を回転軸と考えると，前輪に働く重力によるトルクはどちら向きか．
　　ヒント：重力は前輪の中心（重心）に，鉛直下向きにかかると考えればよい．これは 7.11 項のコマが右に傾いた図のトルクと同じである．O を回転軸と考えることにより，地面から受ける力のトルクは（距離が 0 になるので）考えなくてすむ．
(c) このトルクの効果によって，前輪の回転軸はどちらの方向に向きを変えるか．

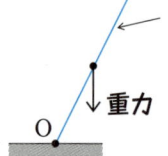

復習問題の解答
① 力，② てこ，③ 角速度，④ トルク，⑤ 慣性モーメント，⑥ 2乗，⑦ 重心，⑧ 平行軸，⑨ Ma^2，⑩ $\frac{1}{2}Ma^2$，⑪ $\frac{3}{2}Ma^2$，⑫ 重心，⑬ 回転，⑭ 角運動量，⑮ 中心力，⑯ 面積速度，⑰ ベクトル，⑱ トルクの方向，⑲ 歳差

付録 A 微分と積分

1. 定積分

関数 $f(t)$ のグラフと横軸 t ではさまれる部分の，$t=0$ と t との間の面積を

$$F(t) = \int_0^t f(t)dt \tag{A1}$$

と書き，これを $f(t)$ の 0 から t までの**定積分**と呼ぶ（1.6 項の図参照）．ただし $f(t)$ がマイナスである部分は（つまりグラフが横軸より下にある場合には），面積はマイナスとみなす（1.8 項参照）．また $t<0$ の場合は，逆方向に見るということで，$f(t)>0$ のとき面積はマイナス，$f(t)<0$ のときはプラスとする．

範囲 t_1 から t_2 までの面積は，$0<t<t_2$ の範囲の面積から $0<t<t_1$ の範囲の面積を差し引いたものであり，その関係を次のように表す．

$$\int_{t_1}^{t_2} f(t)dt = F(t_2) - F(t_1) \equiv [F(t)]_{t_1}^{t_2} \tag{A2}$$

t_2 を積分（定積分）の上限，t_1 を下限という．

定積分に対しては，次の一般的な公式が成り立つ．

$$\int_0^t (f(t)+g(t))dt = \int_0^t f(t)dt + \int_0^t g(t)dt \tag{A3}$$

$$\int_0^t af(t)dt = a\int_0^t f(t)dt \tag{A4}$$

2 番目の公式は，a 倍して面積を計算しても，面積を計算してから a 倍しても同じという意味である．a は任意の定数で，マイナスであってもよい．

定積分の例 次の公式はこの本でもよく使われる．

$$f(t)=1 \text{ のとき：} \int_0^t 1 dt = t \tag{A5}$$

$$f(t)=t \text{ のとき：} \int_0^t t dt = \tfrac{1}{2}t^2 \tag{A6}$$

一般に，$n>-1$ ならば

$$f(t)=t^n: \quad \int_0^t t^n dt = \tfrac{1}{n+1}t^{n+1}$$

$n<-1$ の場合には $t=0$ まで考えると面積が無限大になってしまうので，むしろ $t\,(>0)$ から無限大（∞）までの面積を考えるとよい．

$$\int_t^\infty t^n dt = -\tfrac{1}{n+1}t^{n+1}$$

たとえば $n = -2$ の場合には（5.10項）

$$\int_t^\infty \frac{1}{t^2} dt = \frac{1}{t} \tag{A7}$$

$n = -1$ の場合 ($\frac{1}{t}$) の積分は対数関数になるが，この本では使わない．

2．微分

関数 $f(t)$ の t での接線の傾きを $f(t)$ の**微分**といい

$$\frac{df}{dt} \quad \text{あるいは} \quad \frac{d}{dt}f$$

と記す．微分に対しては，次の一般的な公式が成り立つ．

$$\frac{d}{dt}(f+g) = \frac{df}{dt} + \frac{dg}{dt} \tag{A8}$$

$$\frac{d(af)}{dt} = a\frac{df}{dt} \tag{A9}$$

a は任意の定数である．次の公式（ライプニッツ則，積の微分公式）も重要．

$$\frac{d(fg)}{dt} = \frac{df}{dt}g + f\frac{dg}{dt}$$

微分の例 （三角関数については付録 B 参照）

$$f(t) = 1 \text{ のとき：} \quad \frac{d1}{dt} = 0$$

$$f(t) = t \text{ のとき：} \quad \frac{dt}{dt} = 1$$

一般に，

$$f(t) = t^n : \quad \frac{dt^n}{dt} = nt^{n-1} \tag{A10}$$

3．2階微分

微分して得た関数を，もう一度微分したものが，2階微分である．$\frac{df}{dt}$ をもう一度微分するという意味では $\frac{d}{dt}\left(\frac{df}{dt}\right)$ だが

$$\frac{d^2 f}{dt^2} \quad \text{あるいは} \quad \frac{d^2}{dt^2}f$$

とも記す．

4．微分積分学の基本定理

速度を積分すれば位置になり，位置を微分すれば速度になる．この例に限らず，積分と微分は反対の操作である．たとえば t を積分すれば $\frac{t^2}{2}$ となり，これを微分すれば t に戻る．

付録 B 三角関数

微分をすると $f(t)$ になる関数の一般形を，$f(t)$ の**不定積分**という．式 (A1) の $F(t)$ は t で微分すると $f(t)$ になる．

$$\frac{dF}{dt} = f$$

しかし $F(t)$ に任意の定数を加えても微分は変わらない．結局，

$$f(t) \text{ の不定積分} = F(t) + C$$

と書ける．C は任意の定数で，積分定数と呼ばれる．

付録 B 三角関数

1. 直角三角形と三角関数

直角三角形の辺の比は，図の角度 θ によって決まる．つまり辺の比は θ の関数である．それを三角関数といい，以下の 3 つのケースが重要である．

$$\sin\theta = \frac{a}{c} \left(= \frac{\text{対辺}}{\text{斜辺}}\right)$$
$$\cos\theta = \frac{b}{c} \left(= \frac{\text{底辺}}{\text{斜辺}}\right) \quad \text{(B1)}$$
$$\tan\theta = \frac{a}{b} = \frac{\sin\theta}{\cos\theta} \left(= \frac{\text{対辺}}{\text{底辺}}\right)$$

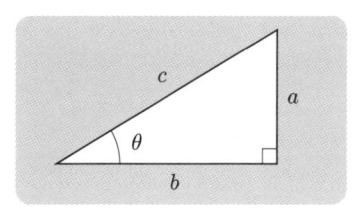

三平方の定理（ピタゴラスの定理）$a^2 + b^2 = c^2$ よりただちに

$$\sin^2\theta + \cos^2\theta = 1 \quad \text{(B2)}$$

であることがわかる（$\sin^2\theta$ とは $(\sin\theta)^2$ のこと）．また，次の加法定理と呼ばれる式も重要である．

$$\begin{aligned}\sin(\theta_1 \pm \theta_2) &= \sin\theta_1 \cos\theta_2 \pm \cos\theta_1 \sin\theta_2 \\ \cos(\theta_1 \pm \theta_2) &= \cos\theta_1 \cos\theta_2 \mp \sin\theta_1 \sin\theta_2\end{aligned} \quad \text{(B3)}$$

これらの式で $\theta_1 = \theta_2$ の場合を考えると，式 (B2) も組み合わせて以下の式が得られる．

$$\sin 2\theta = 2\sin\theta\cos\theta$$
$$2\sin^2\theta = 1 - \cos 2\theta \tag{B4}$$
$$2\cos^2\theta = 1 + \cos 2\theta$$

2．一般の角度に対する三角関数

直角三角形を使った場合，$0 < \theta < \frac{\pi}{2}$ ($= 90°$) の範囲でしか三角関数を定義できない．任意の角度に対する三角関数を定義するには円を使う（以下，角度の単位にはラジアンを使う … 4.2 項参照）．

まず，半径 1 の円を描く．そして x 軸から測った角度を θ とする．θ 方向の線と円の交点の座標を (x, y) とすると，

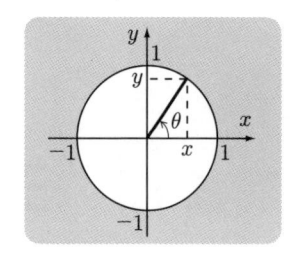

$$\sin\theta = y$$
$$\cos\theta = x \tag{B5}$$
$$\tan\theta = \frac{y}{x}$$

$a = y$, $b = x$, $c = 1$ という対応があることを考えれば，$0 < \theta < \frac{\pi}{2}$ の範囲では三角形による定義と同じであることがわかるだろう．

この定義では θ は $\frac{\pi}{2}$ を超えてもよく，たとえば $\frac{\pi}{2} < \theta < \pi$ の範囲だったら，x 座標はマイナスだから $\cos\theta < 0$ となる．

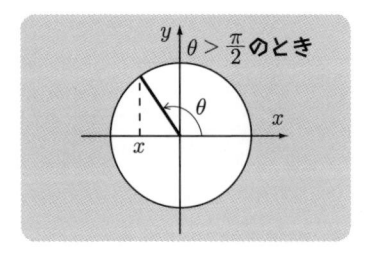

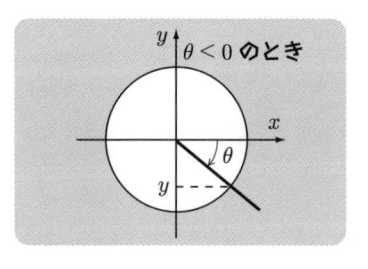

角度は 2π ($= 360°$) で 1 周するが，θ はそれを超えてもよい．sin も cos も 2π ごとに同じ値を繰り返すことになる．周期 2π の**周期関数**という．また，逆回りでは θ はマイナスとみなすが，たとえば $0 > \theta > -\frac{\pi}{2}$ の場合は y がマイナスになるので，$\sin\theta$ はマイナスになる．これらのことを考えると，sin と cos のグラフが次のようになることは想像できるだろう．

付録 B 三角関数

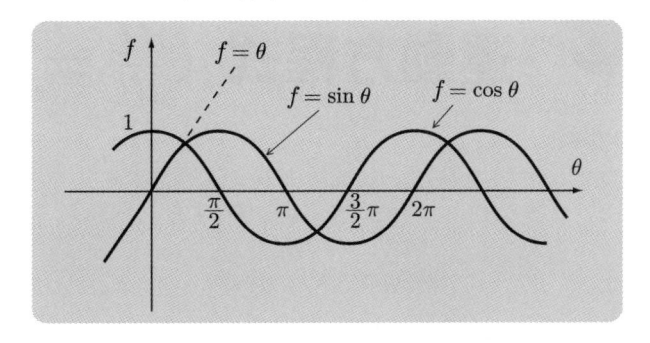

3. 微分

三角関数については，次の微分公式を知っていなければならない．

$$\frac{d\sin\theta}{d\theta} = \cos\theta, \qquad \frac{d\cos\theta}{d\theta} = -\sin\theta \tag{B6}$$

これらの公式をここでは証明しないが，上のグラフの，各点でのそれぞれの傾きを考えれば，もっともらしいことはわかるだろう．また任意の関数 $F(t)$ とその微分 $f(t) = \frac{dF(t)}{dt}$ に対して成り立つ公式，$\frac{dF(at)}{dt} = af(at)$ を使えば

$$\frac{d\sin(a\theta)}{d\theta} = a\cos(a\theta), \qquad \frac{d\cos(a\theta)}{d\theta} = -a\sin(a\theta) \tag{B7}$$

4. θ が小さいときの近似式

θ が小さいとき，θ と $\sin\theta$ はほぼ等しい（ただし θ をラジアンで表した場合）．

$$\sin\theta \fallingdotseq \theta \tag{B8}$$

特に $\theta \to 0$ の極限で厳密に等しい．これは $\sin\theta$ のグラフの傾きが $\theta = 0$ のところで 1 であることの結果だが，幾何学的には，下図で θ が小さければ $\frac{\mathrm{AB}(\text{直線})}{\mathrm{AC}(\text{円弧})} \fallingdotseq 1$ であることを意味する（$\mathrm{AB} = r\sin\theta$，弧 $\mathrm{AC} = r\theta$ なので）．

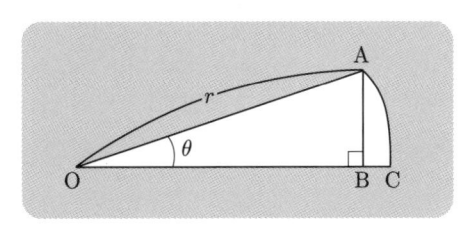

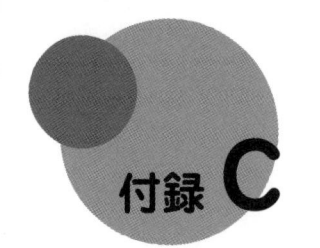

付録 C 角運動量の運動方程式 ($\frac{dL}{dt} = N$)

1. 質点1つの場合

xy 平面内に 2 つのベクトル $\boldsymbol{a} = (a_x, a_y)$ と $\boldsymbol{b} = (b_x, b_y)$ がある．a と b をそれぞれの大きさとし，2 つのベクトルがなす角度を ϕ とすると

$$ab\sin\phi = a_x b_y - a_y b_x \tag{C1}$$

である．実際，ベクトル $\boldsymbol{a}$, $\boldsymbol{b}$ の，x 軸からの角度をそれぞれ ϕ_a, ϕ_b とすると，

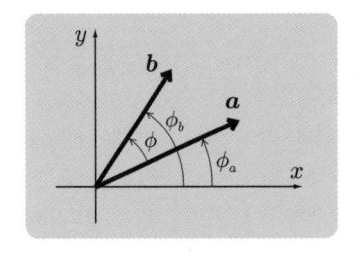

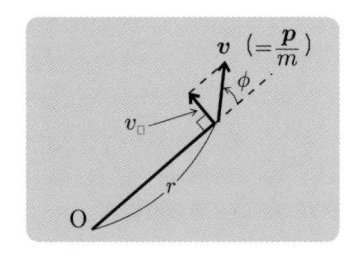

$$\begin{aligned}
a_x b_y - a_y b_x &= (a\cos\phi_a)(b\sin\phi_b) - (a\sin\phi_a)(b\cos\phi_b)\\
&= ab(\cos\phi_a \sin\phi_b - \sin\phi_a \cos\phi_b)\\
&= ab\sin(\phi_b - \phi_a) = ab\sin\phi
\end{aligned}$$

質点が 1 つ，xy 平面内を動いているとする．xy 平面内に基準点 O を定め，そこから見た位置ベクトルを $\boldsymbol{r}$，また運動量ベクトルを $\boldsymbol{p}$ とする．$\boldsymbol{r}$ と $\boldsymbol{p}$ のなす角度を ϕ とすると，この質点の角運動量 L は

$$L = mr^2\dot{\theta} = rp\sin\phi \tag{C2}$$

である．実際，r が一定，すなわち円周上のだったら $r\dot{\theta} = v$ だが，一般の方向を向いているときは（上図右），$r\dot{\theta} = v_\perp = v\sin\phi$．したがって $L = mrv\sin\phi = rp\sin\phi$．

以上の結果を組み合わせて $\frac{dL}{dt} = N$ を証明する．$\boldsymbol{r} = (x, y)$, $\boldsymbol{v} = \left(\frac{dx}{dt}, \frac{dy}{dt}\right) = \left(\frac{p_x}{m}, \frac{p_y}{m}\right)$ であることなどに注意すると

付録 C　角運動量の運動方程式（$\frac{dL}{dt} = N$）

$$\begin{aligned}
\frac{dL}{dt} &= \frac{d(rp\sin\phi)}{dt} & \text{(C2) より} \\
&= \frac{d}{dt}(xp_y - yp_x) & \text{(C1) より} \\
&= \left(\frac{dx}{dt}p_y + x\frac{dp_y}{dt}\right) - \left(\frac{dy}{dt}p_x + y\frac{dp_x}{dt}\right) \\
&= \frac{p_x p_y - p_y p_x}{m} + \left(x\frac{dp_y}{dt} - y\frac{dp_x}{dt}\right) \\
&= xF_x - yF_y = rF\sin\phi' = rF_\perp = N
\end{aligned}$$

最後の行へは運動方程式 $\frac{d\boldsymbol{p}}{dt} = \boldsymbol{F}$ を用い，次に $\boldsymbol{r}$ と $\boldsymbol{F}$ のなす角度を ϕ' として式 (C1) を使い，最後にトルクの定義を使った．

2．質点系／剛体の場合

　質点が多数ある場合，全体の角運動量はそれぞれの角運動量の合計である．それぞれの質点に対する式を合計すれば，「$\frac{d(L の合計)}{dt} = N$ の合計」という式が得られるが，右辺では質点間の力（内力）によるトルクは打ち消し合い，外力だけを考えればいいことを証明しなければならない．

　その証明は，作用反作用の法則と，2 質点間の力はその 2 質点を結ぶベクトルと平行であることを仮定して証明される．詳細は省略するが，2 つのベクトル $\boldsymbol{a}$ と $\boldsymbol{b}$ が平行であるとは，成分の比例関係 $\frac{a_x}{a_y} = \frac{b_x}{b_y}$ を意味するので，$a_x b_y - a_y b_x = 0$ になることを使う．

3．3 次元的な運動の場合（角運動量ベクトル）

　（この項は 7.11 項の内容の数学的解説だが概略だけを示す．外積とその使い方についての詳しい説明は電磁気の巻（第 3 巻）参照．）

　3 次元空間内に 2 つのベクトル $\boldsymbol{a}$ と $\boldsymbol{b}$ がある．そのとき，$\boldsymbol{a}$ と $\boldsymbol{b}$ を含む平面に垂直で，大きさ $ab\sin\phi$（$\boldsymbol{a}$ と $\boldsymbol{b}$ でできる平行四辺形の面積）をもつベクトルを**外積**と呼び，$\boldsymbol{a} \times \boldsymbol{b}$ と書く．このベクトルの，たとえば z 成分の大きさは，それぞれのベクトルの成分を使って

$$(\boldsymbol{a} \times \boldsymbol{b})_z = a_x b_y - a_y b_x$$

と書ける．この式は，$\boldsymbol{a}$ と $\boldsymbol{b}$ がどちらも xy 平面内にある場合は式 (C1) に他ならな

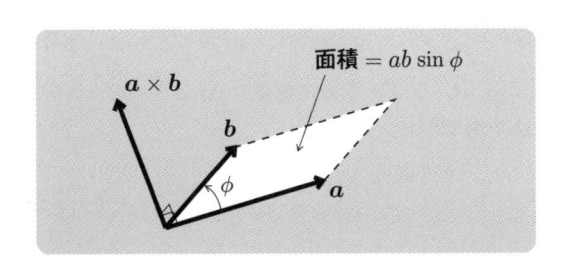

いが，一般の場合，$\boldsymbol{a} \times \boldsymbol{b}$ の z 軸への射影を考えれば証明できる（詳細は省略）．
同様に他の成分は

$$(\boldsymbol{a} \times \boldsymbol{b})_x = a_y b_z - a_z b_y$$

$$(\boldsymbol{a} \times \boldsymbol{b})_y = a_z b_x - a_x b_z$$

次に，質点に対する角運度量ベクトル $\boldsymbol{L}$ とトルクのベクトル $\boldsymbol{N}$ を次のように定義する．

$$\boldsymbol{L} = \boldsymbol{r} \times \boldsymbol{p}$$

$$\boldsymbol{N} = \boldsymbol{r} \times \boldsymbol{F}$$

これがまさに，7.11 項で定義したベクトルに他ならない．そしてこれらは

$$\frac{d\boldsymbol{L}}{dt} = \boldsymbol{N}$$

というベクトルの方程式を満たす．成分で書けば，

$$\frac{dL_x}{dt} = N_x \quad \text{など}$$

ということである．これらの式は，外積の成分表示を使って第 1 項と同様に証明できる．質点系／剛体への拡張も上記と同様である．

4．重力によるトルク

7.4 項で，質点系／剛体に働く重力によるトルクは，そのシステムの全質量が重心に集中しているとして計算してよいと説明した．そこでは特別の例でしかそのことを示さなかったが，ここでは外積を使った定義を使って一般的に説明しておこう（外積を使わない，従来のトルクの定義に基づく証明もほとんど同じである）．

i 番目の質点の質量を m_i，位置ベクトルを $\boldsymbol{r}_i$ とする．またベクトル $\boldsymbol{g}$ を，大きさが重力加速度 g に等しく，地球の中心方向を向くベクトルであるとする．各質点が受ける重力は $m_i \boldsymbol{g}$ となる．すると，このシステムに働く，重力によるトルクの合計は（外積に対しても積に関する通常の関係 $(\boldsymbol{a} + \boldsymbol{a}') \times \boldsymbol{b} = \boldsymbol{a} \times \boldsymbol{b} + \boldsymbol{a}' \times \boldsymbol{b}$ が成り立つことを使って）

$$\boldsymbol{N} = \sum \boldsymbol{N}_i = \sum m_i (\boldsymbol{r}_i \times \boldsymbol{g}) = \left(\sum m_i \boldsymbol{r}_i \right) \times \boldsymbol{g}$$

重心の位置ベクトルを $\boldsymbol{R}$，システムの全質量を M とすれば，5.5 項と同じ計算により $\sum m_i \boldsymbol{r}_i = M\boldsymbol{R}$ であるから，

$$\boldsymbol{N} = M\boldsymbol{R} \times \boldsymbol{g} = \boldsymbol{R} \times M\boldsymbol{g}$$

これが，求めたかった結果である．

応用問題解答

● 第1章　※ 1.1〜1.9（復習問題）は 20 ページ

1.10 (a)　$100\,\mathrm{m}/10\,\mathrm{s} = 10\,\mathrm{m/s} \times 1\,\mathrm{km}/1{,}000\,\mathrm{m} \times 3{,}600\,\mathrm{s}/1\,時間 = 36\,\mathrm{km/時}$,
(b)　$200\,\mathrm{km/時}$, (c)　$2\pi \times 6{,}400\,\mathrm{km}/24\,時間 \fallingdotseq 1.7 \times 10^3\,\mathrm{km/時}$,
(d)　$2\pi \times 1.5 \times 10^8\,\mathrm{km}/365 \times 24\,時間 \fallingdotseq 1.1 \times 10^5\,\mathrm{km/時}$

1.11　$1.5 \times 10^8\,\mathrm{km}/3 \times 10^5\,\mathrm{km/s} = 5 \times 10^2\,\mathrm{s} \times (1\,分/60\,\mathrm{s}) \fallingdotseq 8.3\,分$

1.12　移動距離 $= v_0 \times (t - t_0)$, 位置 $= x_0 + v_0(t - t_0)$

1.13 (a)　$a(t - t_0)$, (b)　$\frac{1}{2}a(t - t_0)^2$, (c)　$x_0 + \frac{1}{2}a(t - t_0)^2$

1.14　A → c, B → b, C → a

1.15 (a)　⟵ , (b)　$t = \frac{v_0}{a}$, (c)　$x(t) = x_0 + v_0 t - \frac{1}{2}at^2$,
(d)

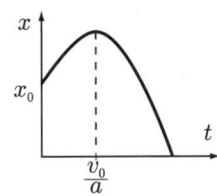

（図：縦軸 x, 横軸 t, ピーク位置 $t = \frac{v_0}{a}$, 初期値 x_0 の放物線）

● 第2章　※ 2.1〜2.9（復習問題）は 34 ページ

2.10　平均加速度 $= \frac{(v_0 + aT^2) - v_0}{T} = aT$, 瞬間加速度 $= \frac{d(v_0 + at^2)}{dt} = 2at$

2.11　最高点に達する時刻は 2.4 項課題 1 より $t = \frac{v_0}{g}$. そのときの高さは

$$x = v_0 t - \frac{1}{2}gt^2 = \frac{1}{2}\frac{v_0^2}{g}$$

初速度 $v_0 = 150\,\mathrm{km}/3{,}600\,\mathrm{s} \fallingdotseq 42\,\mathrm{m/s}$, $g = 10\,\mathrm{m/s^2}$ を代入すれば $x \fallingdotseq 88\,\mathrm{m}$.
落下する時刻は $t = 2\frac{v_0}{g} \fallingdotseq 8.4\,\mathrm{s}$.

2.12 (a)　速度 $= \frac{dx}{dt} = v_0 + a(t - t_0)$, 加速度 $= \frac{d^2 x}{dt^2} = a$, (b)　$t = t_0$ を代入すれば $x = x_0, v = v_0$.

2.13

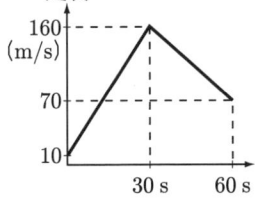

（図：速度 (m/s) vs 時刻。(0 s, 10)、(30 s, 160)、(60 s, 70) を結ぶ折れ線）

2.14　v_A (A の速度) $= 60\,\mathrm{km}/60\,分 = 1\,\mathrm{km}/分$

$$x_A (t\,分後の A の位置) = t\,分 \times 1\,\mathrm{km}/分 = t\,(\mathrm{km})$$

最初の t 分 $(t < 2)$ の B の速度と位置は

$$v_B = 0.6\,\text{km/分}^2 \times t \text{ 分} = 0.6t\,(\text{km/分})$$
$$x_B = \tfrac{1}{2} \times 0.6\,\text{km/分}^2 \times t^2 \text{分}^2 = 0.3t^2\,(\text{km})$$

したがって 2 分後の B の速度と位置は
それぞれ $1.2\,\text{km/分}$, $1.2\,\text{km}$ だから,
その後の時刻 t 分での B の位置は

$$x_B = 1.2\,\text{km} + 1.2\,\text{km/分} \times (t-2) \text{ 分}$$
$$= 1.2t - 1.2\,(\text{km})$$

B が A に追い付く時刻は

$$t = 1.2t - 1.2 \quad \text{したがって} \quad t = 6\,(\text{分})$$

2.15 まず, 必要な式を導く. 初速度を v_0, 必要な加速度を $-a$ とすれば,

$$v = v_0 - at, \qquad x = v_0 t - \tfrac{1}{2} a t^2$$

停止する時刻は $v = 0$ より $t = \tfrac{v_0}{a}$ だから, その時の位置は

$$x = v_0(\tfrac{v_0}{a}) - \tfrac{1}{2} a (\tfrac{v_0}{a})^2 = \tfrac{1}{2} \tfrac{v_0^2}{a}$$

すなわち $a = \tfrac{1}{2} \tfrac{v_0^2}{x}$. 具体的には, $x = 20\,\text{m}$ であり

$$v_0 = 60\,\text{km/時} = \tfrac{60 \times 10^3}{3{,}600}\,\text{m/s}^2 = \tfrac{50}{3}\,\text{m/s}^2$$

だから

$$a = \tfrac{\tfrac{1}{2}(\tfrac{50}{3})^2}{20}\,\text{m/s}^2 \fallingdotseq 6.9\,\text{m/s}^2$$

重力加速度の約 0.7 倍 (4.6 項の慣性力の考え方によれば, 自動車に乗っている人は重力の 0.7 倍ほどの力を前向きに受けることを意味する).

2.16 (a) $x = v_{0x} t,\ y = v_{0y} t - \tfrac{1}{2} g t^2$, (b) $y = \tfrac{v_{0y}}{v_{0x}}(1 - \tfrac{1}{2} \tfrac{gx}{v_{0y} v_{0x}}) x$,
(c) $x = 2\tfrac{v_{0y} v_{0x}}{g}$, (d) $x_c = 2\tfrac{v^2 \sin\theta \cos\theta}{g}$,
(e) $x_c = \tfrac{v^2 \sin 2\theta}{g}$ より, 最大になるのは $\sin 2\theta = 1$ になるとき $(\theta = \tfrac{\pi}{4})$,
(f) $x_c = (100\,\text{km/時})^2 \div 10\,\text{m/s}^2 \fallingdotseq 77\,\text{m}$

●**第 3 章** ※3.1〜3.10 (復習問題) は 58 ページ

3.11 ①プラス (加速しているから), ②マイナス (減速しているから), ③マイナス (マイナス方向への加速), ④ゼロ (等速だから).

3.12 月表面の加速度を g' とすると, 落下運動は $x = \tfrac{1}{2} g' t^2$. $t = 1\,\text{s}$ で $x = 0.8\,\text{m}$ だとすれば, $g' = 1.6\,\text{m/s}^2$. $10\,\text{kg}$ の物体への重力は mg' より $16\,\text{N}$.

応用問題解答

3.13 (a) $F_1 = \frac{mg}{2}$（物体 A のつり合いより），(b) $F_2 = F_1 = \frac{mg}{2}$（作用反作用の法則），(c) $F_3 = mg$（物体 B にかかる 3 つの力のつり合いより）

3.14 ヒモの運動方程式が $m'a = -T + T' - m'g$ になり，T' は $m'(a+g)$ だけ増える．

3.15 加速度を a とすれば（斜面を下る方向をプラスとする），

$$ma = \text{重力の斜面方向の成分} - \mu' \times \text{垂直抗力} = mg\sin\theta - \mu' mg\cos\theta$$

3.16 物体の上面には，その上にあるものを支えるだけの，下向きの力がかかる．また物体の下面に上向きにかかる水圧は，同じ深さの，この物体がない位置における水圧に等しい（水圧はすべての方向に同じようにかかることと，つり合いの条件より）．つまり下面に働く力（上向き）の大きさは，その上がすべて水であった場合にそれを支えるだけの力の大きさに等しい．結局，上面と下面の力の差は，物体と同じだけの体積の水を支える力に等しい．それは

$$(10\,\text{cm})^3 \times 1\,\text{g/cm}^3 \times 10\,\text{m/s}^2 = 10^4\,\text{g\,m/s}^2 = 10\,\text{kg\,m/s}^2 = 10\,\text{N}$$

また下向きに $mg = 8\,\text{N}$ の重力がかかるので，この物体は差し引き 2 N の上向きの力で浮き上がる．

●第 4 章
※4.1〜4.10（復習問題）は 76 ページ

4.11 円運動の向心力は張力 T の水平成分である．円運動の方程式は $mr\omega^2 = T\sin\theta$ だが，$r = l\sin\theta$ なので，$T = ml\omega^2$．一方，物体は垂直方向には動いていないので，力のつり合いより，$T\cos\theta + N - mg = 0$．これらより

$$N = m(g - l\omega^2\cos\theta)$$

ω が大きくなり $N < 0$ ($\omega^2 > \frac{g}{l}\cos\theta$) になると物体は台から浮き始める．

4.12 地球の半径を R，この人工衛星の軌道の半径を r とすると，まず円運動の方程式は（人工衛星の質量は両辺から落として），角速度を ω とすると

$$r\omega^2 = \frac{GM}{r^2}$$

M は地球の質量だが，$\frac{GM}{R^2} = g$ という関係を使い，さらに $\omega = \frac{2\pi}{T}$（$T =$ 周期）も使うと

$$r^3 = \frac{gR^2T^2}{(2\pi)^2}$$

あるいは

$$\left(\frac{r}{R}\right)^3 = \frac{gT^2}{(2\pi)^2 R}$$

ここで $g = 10\,\text{m/s}^2$，$T = 1$ 日，$R = 6{,}400\,\text{km}$ を代入すると，$\left(\frac{r}{R}\right)^3 \fallingdotseq 290$，すなわち $r \fallingdotseq 6.6R$．

4.13 4.4 項課題 2 およびその下の解説から，$\frac{周期^2}{距離^3}$（課題 2 解答の k）が，重力源である中心の天体の質量に反比例する．

$$太陽対地球： \frac{(365\,日)^2}{(1.5\times 10^8\,\text{km})^3} \fallingdotseq 3.95\times 10^{-20}\,日^2/\text{km}^3$$

$$地球対月　： \frac{(27\,日)^2}{(3.8\times 10^5\,\text{km})^3} \fallingdotseq 1.33\times 10^{-14}\,日^2/\text{km}^3$$

したがって，太陽と地球の質量比は 3.3×10^6

4.14 月の加速度 = 角速度^2 × 距離 = $(\frac{2\pi}{周期})^2$ × 距離 $\fallingdotseq 2.7\times 10^{-3}\,\text{m/s}^2$. これは地上での重力加速度 g の 2.8×10^{-4} 倍である．一方，$(\frac{地球の半径}{地球と月の中心間の距離})^2 = (\frac{6{,}370}{3.83}\times 10^5)^2 = 2.8\times 10^{-4}$ となり，上の値と一致する．つまり月に対する重力は，地上と比べて，距離の 2 乗に反比例して減っている．

4.15 地表に立っている人は，重力 mg を受けながら静止しているのだから，それとつり合う垂直抗力も受けており，それが自分の重さを感じる原因である．そのことと比較して考える．

(a) 地球基準では通常の運動方程式が成り立つと考えてよい．地球基準では部屋は重力により加速度 g で落下している．したがってその中の人も同じ加速度で落下するが，それはその人に働く重力 mg によって生じるので，床からの力を受ける必要はない．つまり自分の重さを感じない．

(b) 部屋基準で考えると，この人は静止している．したがって力がつり合っているはずだが，第一に，部屋は加速度 g で落下しているので，それを基準とした場合には上向きの慣性力 mg がある．さらにこの人は下向きの重力 mg も受けているので，慣性力とつり合う．つまり他に床から力を受ける必要はなく，自分の重さを感じない．

4.16 位置ベクトルと速度ベクトルの内積は

$$xv_x + yv_y = (r\cos\omega t)(-\omega r\sin\omega t) + (r\sin\omega t)(\omega r\cos\omega t) = 0$$

速度ベクトルと加速度ベクトルの内積は

$$v_x a_x + v_y a_y = (-\omega r\sin\omega t)(-\omega^2 r\cos\omega t) + (\omega r\cos\omega t)(-\omega^2 r\sin\omega t) = 0$$

● **第 5 章**　※5.1〜5.10（復習問題）は 100 ページ

5.11 速度の変化は

$$200\,\text{km/時} - (-100\,\text{km/時}) = 300\,\text{km/時} = \tfrac{3\times 10^5}{3{,}600}\,\text{m/s}$$

$$\fallingdotseq 8.3\times 10\,\text{m/s}$$

したがって力積はそれに $0.1\,\text{kg}$ を掛けて $8.3\,\text{kg\,m/s}$. 100 分の 1 秒間の平均の力は $8.3\,\text{kg\,m/s} \div 0.01\,\text{s} = 830\,\text{kg\,m/s}^2 = 830\,\text{N}$.

5.12 加速度が $\frac{F}{m}$ (一定), 初速度が v_1 で t 秒後の速度が v_2 とすれば
$$v_2 = v_1 + \frac{F}{m}t \quad \text{すなわち} \quad t = \frac{m(v_2-v_1)}{F}$$
また初期位置を x_1 とし, t 秒後の位置を x_2 とすれば
$$x_2 = x_1 + v_1 t + \frac{1}{2}\frac{F}{m}t^2$$
これに上の t を代入すると
$$x_2 - x_1 = \frac{m}{F}\{v_1(v_2-v_1) + \frac{1}{2}(v_2-v_1)^2\}$$
整理すれば, 5.2 項の式 (1) を得る.

5.13 物体の速度 v, 運動量 p, 運動エネルギー e はそれぞれ
$$v = -gt, \quad p = -mgt, \quad e = \frac{1}{2}m(gt)^2$$
一方, 地球が受ける力は作用反作用の法則より mg だから, 加速度は $\frac{mg}{M}$. したがって, 地球の速度 V, 運動量 P, 運動エネルギー E はそれぞれ
$$V = \frac{mgt}{M}, \quad P = MV = mgt, \quad E = \frac{1}{2}M(\frac{mgt}{M})^2 = \frac{1}{2}\frac{m^2}{M}(gt)^2$$
したがってそれぞれの比率(絶対値)は

速度: $\frac{m}{M}$, 　運動量: 1, 　運動エネルギー: $\frac{m}{M}$

つまり両者が得る運動量は符号が逆で大きさが等しいが(運動量保存則), 運動エネルギーは地球が圧倒的に小さい.

5.14 地球の月側の表面は, 地球の中心から月に向けて約 60 分の 1 だけ進んだ場所にある. 一方, 重心は, 地球の中心から月に向けて約 80 分の 1 だけ進んだ場所にあるので, まだ地球の表面からは出ていない. それは中心から表面まで約 $\frac{3}{4}$ ($=(\frac{1}{80}) \div (\frac{1}{60})$) だけ進んだ位置である.

5.15 (a) $mg\sin\theta$, (b) $\sum(mg\sin\theta)r\Delta\theta$, 積分に直せば
$$\int_0^{\pi/2} mg\sin\theta r d\theta = mgr \int \sin\theta d\theta = mgr$$
(高さ r での位置エネルギーに等しい).

5.16 衝突後の物体 A と物体 B の速度をそれぞれ v', V' とすると, はね返り係数が e ならば, $\frac{V'-v'}{v} = e$, すなわち $V' = v' + ev$. また運動量保存則より, $mv = mv' + MV'$. これに上の V' を代入すれば
$$mv = mv' + M(v' + ev) \quad \Rightarrow \quad v' = \frac{m-eM}{m+M}v$$
$m - eM$ の正負によって, 物体 A がどちらに動くかが決まることがわかる (たとえば M が非常に大きければ A ははね返る. また質量が同じならば, $e = 1$ でない限り, A は減速するが動く方向は変わらない).

5.17 この物体がもつ全力学的エネルギー E は，初期条件より（地球の半径を R とし，$g = \frac{GM}{R^2}$ であることを使うと）

$$E = \tfrac{1}{2}mv^2 - G\tfrac{Mm}{R} = \tfrac{1}{2}mv^2 - mgR$$

物体が最高点に達したときの地球の中心からの距離を r_0 とすると，最高点では速度は 0 だから，エネルギー保存則より

$$E = -G\tfrac{Mm}{r_0}\left(= -\tfrac{mgR^2}{r_0}\right)$$

r_0 の位置を下の図に示す．物体は R から r_0 まで上がってから落ちてくる．ただし初速度 v が大きくて $E > 0$ になる場合には，物体は無限の遠方まで飛んでいく．ちなみに $E > 0$ になる条件は

$$v > \sqrt{2gR} \fallingdotseq 11\,\text{km/s}$$

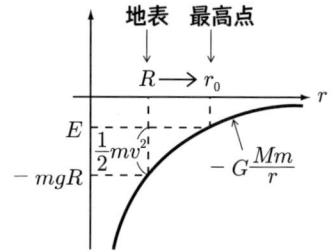

● **第 6 章**　※6.1〜6.7（復習問題）は 120 ページ

6.8 (a) C, (b) A, (c) B

6.9 自然長の位置はつり合いの位置から $\frac{mg}{k}$ だけずれているので，それを振幅とする．$x = 0$ と $x = -2\frac{mg}{k}$ の間の振動をする．

6.10 物体の位置を x とする（自然長のときを $x = 0$ とし上向きをプラスとする）．物体が台から離れないで動いているとすると，運動方程式は

$$m\tfrac{d^2x}{dt^2} = -kx - mg$$

一方，物体単独で考えると，物体は重力と，台からの垂直抗力 N を受けているので

$$m\tfrac{d^2x}{dt^2} = -mg + N$$

台から離れない条件は $N > 0$ （台によって上に押し上げられているということ）だから，上の 2 式を比較して $x < 0$．したがって $x > 0$ つまり自然長よりも上に行くと物体は台から離れる．自然長よりも上に行く条件は，$a > 2\frac{mg}{k}$ である（上問 6.9 を参照）．

応用問題解答   **161**

6.11 エネルギーは $\frac{1}{2}mv^2 + mgl(1-\cos\theta)$（ここでは振り子の長さ l が円の半径 r に相当する）．エネルギー保存則よりこれは定数なので微分をすればゼロになるはずだから，

$$\begin{aligned}0 &= \tfrac{d}{dt}\{\tfrac{1}{2}mv^2 + mgl(1-\cos\theta)\} \\ &= \tfrac{1}{2}m\tfrac{dv^2}{dt} - mgl\tfrac{d\cos\theta}{dt} \\ &= \tfrac{1}{2}m2v\tfrac{dv}{dt} - mgl(-\sin\theta)\tfrac{d\theta}{dt}\end{aligned}$$

ここで $l\frac{d\theta}{dt} = v$ であることを使えば

$$= mv\tfrac{dv}{dt} + mgv\sin\theta$$

全体を v で割れば

$$m\tfrac{dv}{dt} = -mg\sin\theta$$

6.12 式 (1) を式 (3) に代入して確かめる．A は全体にかかるだけだから任意なので，以下では省略する．また，θ_0 はどこを $t=0$ と選ぶかに関係するだけなので任意であり，これも省略する．すると積の微分公式，三角関数の微分公式，そして指数関数の微分公式（$\frac{de^{-t/\tau}}{dt} = -\frac{1}{\tau}e^{-t/\tau}$）などを使うと

$$\tfrac{dx}{dt} = -\tfrac{1}{\tau}e^{-t/\tau}\sin\omega t + \omega e^{-t/\tau}\cos\omega t$$
$$\tfrac{d^2x}{dt^2} = \tfrac{1}{\tau^2}e^{-t/\tau}\sin\omega t - \omega^2 e^{-t/\tau}\sin\omega t - 2\tfrac{\omega}{\tau}e^{-t/\tau}\cos\omega t$$

これらを式 (3) に代入し，$\sin\omega t$ と $\cos\omega t$ の係数がそれぞれ 0 になるという条件を書き，整理すると

$$\tfrac{1}{\tau} = \tfrac{\kappa}{2m}, \quad \omega = \tfrac{1}{2m}\sqrt{4km-\kappa^2}$$

であればいいことがわかる．$\kappa = 0$ ならば単純な単振動の解になることを確かめていただきたい．

6.13 $t=0$ で $x=0$ であるという条件より $\sin\theta_0 = 0$，すなわち $\theta_0 = 0$．また速度 v は

$$v = \tfrac{dx}{dt} = A\omega\cos\omega t + A'\omega_0\cos(\omega_0 t + \theta_0)$$

だから，$t=0$ で $v=0$ ならば $A\omega + A'\omega_0 = 0$ であり A' が決まる．

6.14 式 (2) より速度を求めると，$v = A\omega\cos\omega t$ であり，これが各時刻での物体の移動方向を表す．一方，力の方向は $\sin\omega t$ で決まる．$\sin\omega t$ と $\cos\omega t$ の符号は同じときも逆向きのときもある．

6.15 物体が，図の位置 x にあるときに働く重力の大きさは，比例関係より $\frac{mgr}{R}$．したがってそのトンネル方向の成分は

$$F = \frac{mgr}{R}\sin\theta = \frac{mg}{R}x$$

$\sin\theta = \frac{x}{r}$ を使った．中心からのずれ x に比例した力になり単振動である．係数が $\frac{mg}{R}$ なので，角振動数も 6.8 項の問題と同じになる．

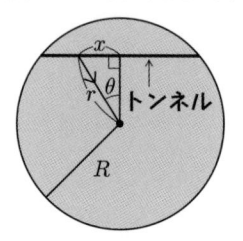

● **第 7 章** ※ 7.1〜7.9（復習問題）は 146 ページ

7.10 (a) $mg = N_2$, (b) $N_1 = f$, (c) $mg\frac{a}{2} = N_1 b$ より，$N_1 = f = \frac{mga}{2b}$.
A 点を基準とするトルクは，$mg\frac{a}{2} + fb - N_2 a = \frac{mga}{2} + \frac{mga}{2} - mga = 0$.

7.11 物体も加速されるので，滑車に働く力は mg ではないことに注意する．それぞれのヒモの張力を T_a, T_b とすると

$$m_a \frac{dv_a}{dt} = m_a g - T_a$$
$$m_b \frac{dv_b}{dt} = m_b g - T_b$$
$$I \frac{d\dot\theta}{dt} = aT_a - bT_b$$

（速度は下向きをプラスに取った）．さらに，ヒモは滑車上を滑らないという条件より $v_a = a\dot\theta$, $v_b = -b\dot\theta$. したがって

$$I \frac{d\dot\theta}{dt} = a(m_a g - m_a a \frac{d\dot\theta}{dt}) - b(m_b g + m_b b \frac{d\dot\theta}{dt})$$

すなわち

$$(I + m_a a^2 + m_b b^2)\frac{d\dot\theta}{dt} = am_a - bm_b$$

回転の角速度は一定の割合で変化し，物体は等加速度運動をする．

7.12 中心から d だけ離れた位置を支点とした場合には，慣性モーメント I は

$$I = \tfrac{1}{2}Ma^2 + Md^2$$

また，角度 θ だけ傾いたときの重力によるトルク N は

$$N = -Mgd\sin\theta \fallingdotseq -Mgd\theta$$

運動方程式は $I\frac{d\dot\theta}{dt} = -Mgd\theta$ だから，角振動数 ω は

$$\omega^2 = \frac{Mgd}{I}$$

これが最大になるのは，I を代入して d での微分を 0 とすれば，$d^2 = \frac{a^2}{2}$.

応用問題解答

7.13 回転運動のエネルギー + 落下運動のエネルギー + 位置エネルギー

$= \frac{1}{2}I\dot{\theta}^2 + \frac{1}{2}mv^2 - mgx$　（下向きをプラスとしている）

$= \frac{1}{2}(m + \frac{I}{a^2})v^2 - mgx$　($a\dot{\theta} = v$ より）

加速度を α とすると，$x = \frac{1}{2}\alpha t^2 = \frac{1}{2}\frac{v^2}{\alpha}$ ($v = \alpha t$ より)．これを上式に代入し，課題で得た α の値を代入すれば，エネルギーはゼロ（最初の値）になる．つまり回転運動のエネルギーを含めてエネルギーが保存している．

7.14 トルク N は摩擦力によるものになり，課題で得た答えを使えば

$$N = \frac{Ia}{I+Ma^2}Mg\sin\phi$$

式 (2) を使えばこれが $I\frac{d\dot{\theta}}{dt} = \frac{I}{a}\frac{dv}{dt}$ に等しいことがわかる．

7.15 (a) 回転軸は左上向き，(b) トルクは向こう向き（紙面の表から裏へ），(c) 左向きのものが向こう向きに少し方向を変えるので，左少し前向き（そして斜め上向き）になる．つまり前輪は右にカーブを描く．

索　引

● **あ行** ●

圧力　49

位相　106
位置エネルギー　82
位置ベクトル　44
移動距離　16

運動エネルギー　80
運動の第1法則　23
運動の第2法則　37
運動の第3法則　48
運動方程式　37
運動量　78
運動量ベクトル　78
運動量保存則　86

エネルギー保存則　84
遠心力　70

● **か行** ●

外積　153
外力　47
角運動量ベクトル　153
角運動量保存則　140
角振動数　106
角速度　63
過減衰　113
加速度　24

過渡現象　55
ガリレイの相対性原理　23
慣性の法則　23
慣性モーメント　125
慣性力　71
完全非弾性衝突　95

気圧　52
基本単位　4
逆2乗則　66
共振　115
強制振動　114
共鳴　115

首振り運動　142
組立単位　4

ケプラーの第3法則　66
減衰振動　112

向心力　61
剛体　126
固有角振動数　114

● **さ行** ●

歳差運動　142
最大静止摩擦力　50
作用・反作用の法則　48

索引

仕事　80
仕事の原理　89
自然長　102
質点　87
質点系　87
質量　36
質量中心　87
射影　30
周期　106
周期関数　150
重心　87
終速度　54
重力加速度　25, 28
重力定数　67
ジュール（J）　81
瞬間速度　15
初期位相　106
初期位置　9
初速度　11
振動　102
振動数　106
振幅　106

垂直抗力　46

静止摩擦係数　50
静止摩擦力　50
全力学的エネルギー　82
全力学的エネルギー保存則　84

速度　3, 16

● た行 ●

単振動　110
弾性衝突　95

力　36
力のモーメント　123
中心力　140
張力　47

定積分　13, 147
てこの原理　122

等加速度運動　26
等速円運動　60
動摩擦係数　50
動摩擦力　50
トルク　123

● な行 ●

内積　76
内力　47

ニュートン（N）　39
ニュートン定数　67
ニュートンの運動方程式　37

● は行 ●

バネ定数　103
速さ　16
万有引力の位置エネルギー　97
万有引力の法則　67

非弾性衝突　95

索引

微分　15, 148
非保存力　91

復元力　102
フックの法則　103
不定積分　149
振り子の等時性　110
浮力　58

平均速度　14
平行軸の定理　131
ベクトル　42
変位　3, 16
変化率　3
変化量　3

保存力　91

● ま行 ●

面積速度　139
面積速度一定の法則　140

● や行 ●

有効数字　7

● ら行 ●

ラジアン　63

力積　78

● 欧字 ●

SI単位系　4
vt図　9
xt図　9

著者略歴

和田純夫（わだすみお）
1972年　東京大学理学部物理学科卒業
2015年　東京大学総合文化研究科専任講師 定年退職

主要著訳書

「物理講義のききどころ」全6巻（岩波書店），
「一般教養としての物理学入門」（岩波書店），
「プリンキピアを読む」（講談社ブルーバックス），
「はじめて読む物理学の歴史」（共著，ベレ出版），
「ファインマン講義　重力の理論」（訳書，岩波書店），
「ライブラリ物理学グラフィック講義」全10巻（サイエンス社）

ライブラリ 物理学グラフィック講義＝2
グラフィック講義 力学の基礎

2011年7月10日© 初版発行
2022年9月25日 初版第4刷発行

著　者　和田純夫
発行者　森平敏孝
印刷者　篠倉奈緒美
製本者　松島克幸

発行所　株式会社 サイエンス社
〒151-0051　東京都渋谷区千駄ヶ谷1丁目3番25号
営業 ☎(03) 5474-8500（代）　FAX ☎(03) 5474-8900
編集 ☎(03) 5474-8600（代）　振替 00170-7-2387

印刷　（株）ディグ　　　製本　松島製本
《検印省略》

本書の内容を無断で複写複製することは，著作者および出版者の権利を侵害することがありますので，その場合にはあらかじめ小社あて許諾をお求め下さい．

ISBN978-4-7819-1286-8
PRINTED IN JAPAN

サイエンス社のホームページのご案内
http://www.saiensu.co.jp
ご意見・ご要望は
rikei@saiensu.co.jp まで．

ライブラリ 物理学グラフィック講義
和田 純夫 著

グラフィック講義 **物理学の基礎**
2色刷・A5・本体1900円

グラフィック講義 **力学の基礎**
2色刷・A5・本体1700円

グラフィック講義 **電磁気学の基礎**
2色刷・A5・本体1800円

グラフィック講義 **熱・統計力学の基礎**
2色刷・A5・本体1850円

グラフィック講義 **量子力学の基礎**
2色刷・A5・本体1850円

グラフィック講義 **相対論の基礎**
2色刷・A5・本体1950円

グラフィック演習 **力学の基礎**
2色刷・A5・本体1900円

グラフィック演習 **電磁気学の基礎**
2色刷・A5・本体1950円

グラフィック演習 **熱・統計力学の基礎**
2色刷・A5・本体1950円

グラフィック演習 **量子力学の基礎**
2色刷・A5・本体1950円

＊表示価格は全て税抜きです．

サイエンス社